能源资源经济与管理系列教材

碳中和概论

Introduction to Carbon Neutrality

齐 睿 李 琳 龚承柱 编

图书在版编目(CIP)数据

碳中和概论/齐睿,李琳,龚承柱编.—武汉:中国地质大学出版社,2024.1.—ISBN 978-7-5625-5949-8

Ⅰ.X511

中国国家版本馆 CIP 数据核字第 2024DH9905 号

碳中和概论			齐 睿 李 琳 龚承柱 编
责任编辑:沈婷婷	选题策划:沈婷婷		责任校对:宋巧娥
出版发行:中国地质大学出版社(武汉市洪山区鲁磨路388号)			邮编:430074
电 话:(027)67883511	传 真:(027)67883580		E-mail:cbb@cug.edu.cn
经 销:全国新华书店			http://cugp.cug.edu.cn
开本:787mm×1092mm 1/16		字数:304 千字	印张:12
版次:2024 年 1 月第 1 版		印次:2024 年 1 月第 1 次印刷	
印刷:武汉中远印务有限公司			
ISBN 978-7-5625-5949-8			定价:48.00 元

如有印装质量问题请与印刷厂联系调换

自 序

2020年9月22日,习近平总书记在第75届联合国大会一般性辩论上向世界郑重宣示,中国力争于2030年前实现碳达峰,2060年前实现碳中和。这是中国和全球应对气候变化工作的一个重大事件。对世界而言,全球能源消费和碳排放第一大国明确承诺碳中和时间表,在特朗普带领美国退出《巴黎协定》后是让人极为欢欣鼓舞的。对中国而言,这既是中国屹立于世界民族之林,承担起大国责任的应有之义,也是巨大的挑战。中国将面临发展和保护的双重巨大压力。一方面,在2020年,美国人均GDP 6.34万美元,欧盟为3.44万美元,而中国仅为1.04万美元,对于刚刚实现全面消除绝对贫困的中国而言,发展依然是最重要的问题。另一方面,美国2007年已实现碳达峰,2020年碳排放总量约45亿t,欧盟(27国)1990年已实现碳达峰,2020年碳排放约26亿t,而中国碳排放仍以较快速度增长,2020年碳排放总量约117亿t。美国和欧盟都承诺在2050年前实现碳中和,对美国而言他们有43年时间,欧盟有60年时间,而中国仅有40年时间从约2.6倍于美国、4.5倍于欧盟的高度"俯冲而下"实现从碳达峰到碳中和的"阶跃",其难度可想而知。

中国向世界做出如此重大宣示,当然是经过深思熟虑的,但难度是客观存在的。因此,中央明确指出,实现碳达峰碳中和是一场广泛而深刻的经济社会系统性变革,这不仅是指结果,更是指过程、路径、方法。要实现"双碳"战略目标,整个中国都需要立即行动起来,积极稳妥先立后破地参与到这一伟大事业之中。所有行为人都应该积极地学习积累"双碳"相关知识,培养低碳素养,熟稔"双碳"战略,提升"双碳"能力,这正是本书编写目的之所在。

作为一场广泛而深刻的经济社会系统性变革,"双碳"将涉及诸多学科、诸多主体、诸多理论和知识,在一本启蒙性质的教材中囊括"双碳"所有知识和理论无疑是痴心妄想,受编者能力和本书篇幅所限,很多与"双碳"有关的知识,甚至对特定产业和主体而言非常关键的知识都可能令人扼腕地被有意或无意地忽略了。

本书将按"人事理"的逻辑展开。首先讨论不同主体在"双碳"战略中应发挥的作用。尽管从理论上说,"理事人"更符合一般逻辑,但考虑到读者不一定有耐心去理解那些与"双碳"相关的科学的、政治的、经济的和文化的底层逻辑,我们更愿意"简单粗暴"地讨论在这场事关所有人"战役"中每个人应尽的义务和尽义务所必需的制度设计。我们将"双碳"建设主体,分为政府、企业和个人,其中企业对减碳项目实施和目标达成是至关重要的,但在中国语境下,我们将政府放在第一位,"有为政府+有效市场",政府的作用更为关键,是"双碳"的牛鼻子。我们将政府分为了中央和地方,这方便我们更深刻理解"双碳"的政治博弈。个人低碳意识与行为是从微观经济学讨论"双碳"的关键,我们必须承认当前中国个人低碳意识(素养)有待提升、低碳意识与低碳行为之间仍有巨大鸿沟。但我们也应当相信,通过一代人甚至几代人的努力,通过文化、经济尤其是社会主义核心价值观的教育影响,这个鸿沟是可以跨越的。

其次,本书将讨论"双碳"战略的实施路径。尽管各个领域的碳排放比例可能会随时间略有波动,但总体而言,世界和中国的碳排放主要来自能源、工业、建筑、交通和农业领域,而自然和人为的碳汇则用于抵消部分排放。因此国家和地区制订碳达峰碳中和规划也是延循这一思路。本书将从这六个部分,讨论2020—2030年碳达峰、2030—2060年碳中和阶段我们必须做的工作。能源领域,2020—2060年,我们必须推动中国能源结构从当前化石能源与非化石能源的"八二开"向"二八开"转型,配套的是储能、智能电网等技术的发展,其底层逻辑是能源"安全—廉价—环保"不可能三角的平衡。工业领域,钢铁、水泥等产业是关键,一方面是节能技术的推广,另一方面是流程再造和工艺革新。建筑领域,电气化、智慧化等是大势所趋。交通领域,中国目前来看是最大收益国,但电动和氢能的竞争并未尘埃落定。农业则涉及甲烷、氧化亚氮等多种非二气体的减排。碳汇是另一个故事,也是当前基层实践中最受关注、陷阱最多的故事。

最后,在大量基于实践的、直觉的讨论之后,我们也不自量力地尝试从政治、科技、经济、金融和文化五个视角讨论"双碳"战略的底层逻辑。国家"双碳"战略,首先是国际政治的产物,是典型的破解囚徒困境的行为,是从国际零和博弈走向人类命运共同体的努力。国际如此,国内亦如此,尽管难以为读者解释国际国内政治气候的全貌,我们也不想让读者产生误解,认为"双碳"目标是极易达成的"共识",一边"筑墙"一边"挖角"才是常态。科技层面内容更加广泛,我们只简单阐述"双碳"的科学基础,虽然本应该在本书开篇就重点论述,我们也只简单介绍我们自以为是的十大关键突破和十大未来技术。经济和金融部分是需要重点讨论的,我们将介绍"绿色溢价"的概念,这是比尔·盖茨在其《气候经济与人类未来》中重点讨论的,也是以经济手段(或"有效市场")推动"双碳"产业发展的根基。金融是经济的血液,它应该为实体经济服务,更应该为实体经济从高碳向低碳、向高质量发展转型服务,我们应积极但谨慎地使用好金融工具。文化层面的讨论,最虚无缥缈但也最持久有效,中国从不缺乏人与自然和谐共生的历史文化底蕴,但底蕴如何重新绽放光芒,是更为复杂的问题。

围绕"双碳"战略目标,尤其是碳中和的讨论,既是理论的,也是实践的。理论层面,我们有了大量重要专著,如丁仲礼院士、周宏春教授的著作都值得我们逐字精读甚至背诵。本书的特色,是较为偏重实践的。一方面作者理论水平有效,另一方面,极为幸运地参与到了湖北乃至全国碳市场、碳产业的发展过程中,更能领会到从普罗大众视角理解和参与"双碳"工作的困难与必要。

最后,想说的是,感谢"双碳"成就了我和我的团队。"双碳"、数字都是大风口。有人戏言,风口上,猪都能飞起来。我窃以为确实如此,但猪和风口是相互成就的。一方面,能走到风口是猪的努力,另一方面,猪在风口迎风飞翔是再好不过的广告了。"双碳"是未来40年中国乃至世界最大的变量之一,希望本书能稍稍吸引更多的读者走近这个风口。

编者
2024 年 1 月

目 录

第一部分 "双碳"战略的基础理论

第一章 碳达峰与碳中和概述 …………………………………………………（3）
  第一节 碳达峰碳中和目标界定 ………………………………………………（3）
  第二节 全球碳达峰与碳中和的现状 …………………………………………（7）
  第三节 我国碳达峰碳中和的现状 ……………………………………………（13）
  本章习题 …………………………………………………………………………（21）
  本章小结 …………………………………………………………………………（21）

第二章 碳中和与气候变化 ……………………………………………………（23）
  第一节 气候变化的科学基础 …………………………………………………（23）
  第二节 碳中和与气候变化的关联 ……………………………………………（27）
  第三节 气候变化的影响 ………………………………………………………（27）
  本章习题 …………………………………………………………………………（29）
  本章小结 …………………………………………………………………………（30）

第三章 碳中和政策体系与法律框架 …………………………………………（31）
  第一节 碳中和的国际政策与法律框架 ………………………………………（31）
  第二节 我国碳中和政策与法律框架 …………………………………………（32）
  第三节 碳中和的国际行动 ……………………………………………………（36）
  本章习题 …………………………………………………………………………（41）
  本章小结 …………………………………………………………………………（42）

第二部分 主体角色与实施机制

第四章 政府在碳减排中的角色 ………………………………………………（45）
  第一节 国家与地方政府的角色与实施机制 …………………………………（45）
  第二节 政府的政策工具与创新 ………………………………………………（50）
  本章习题 …………………………………………………………………………（60）
  本章小结 …………………………………………………………………………（60）

第五章　企业的碳减排与创新 (61)
 第一节　碳减排重要性及企业角色 (61)
 第二节　企业碳减排之路 (61)
 本章习题 (70)
 本章小结 (71)

第六章　个人的低碳行为与意识 (72)
 第一节　低碳消费与个人碳足迹 (72)
 第二节　个人碳中和实现途径 (74)
 本章习题 (78)
 本章小结 (79)

第三部分　实施"双碳"战略的关键领域与路径

第七章　能源领域的转型与挑战 (83)
 第一节　能源系统的基本构成 (83)
 第二节　能源领域转型进程 (85)
 第三节　能源转型的技术体系概述 (86)
 第四节　零碳电力系统 (87)
 本章习题 (96)
 本章小结 (96)

第八章　工业领域的绿色转型 (98)
 第一节　工业碳排放现状与趋势 (98)
 第二节　工业碳中和路径 (99)
 第三节　技术与投资需求 (103)
 本章习题 (106)
 本章小结 (106)

第九章　建筑领域的电气化和智慧化 (108)
 第一节　建筑领域的碳排放概述 (108)
 第二节　建筑业中的碳中和 (110)
 本章习题 (121)
 本章小结 (121)

第十章　交通领域的电动化与未来选择 (122)
 第一节　交通领域的碳排放概述 (122)
 第二节　新能源基础设施发展路径 (125)
 本章习题 (129)
 本章小结 (129)

第十一章　农业领域的碳排放控制 ·· (131)
　　第一节　农业碳排放分析与减排方法 ·· (131)
　　第二节　农田温室气体减排增汇技术 ·· (132)
　　本章习题 ··· (136)
　　本章小结 ··· (137)

第十二章　碳汇与生态恢复 ·· (138)
　　第一节　碳汇的概念与作用 ·· (138)
　　第二节　负排放技术 ·· (138)
　　本章习题 ··· (145)
　　本章小结 ··· (146)

第四部分　"双碳"战略的底层逻辑

第十三章　政治视角下的"双碳"战略 ·· (149)
　　第一节　"双碳"战略对国家能源安全和经济发展的影响 ················ (149)
　　第二节　政治视角下"双碳"战略的实现路径 ······························ (152)
　　本章习题 ··· (154)
　　本章小结 ··· (155)

第十四章　经济与金融视角下的可持续发展 ·································· (156)
　　第一节　碳中和与经济发展的关系 ·· (156)
　　第二节　绿色金融在推动碳中和中的作用 ····································· (158)
　　第三节　碳交易市场对经济的影响 ·· (162)
　　本章习题 ··· (163)
　　本章小结 ··· (163)

第十五章　文化视角下的可持续生活 ·· (165)
　　第一节　可持续生活方式的概念 ··· (165)
　　第二节　文化对可持续生活的影响 ·· (166)
　　第三节　新兴可持续产业 ··· (167)
　　第四节　可持续文化在全球范围内的传播与发展 ···························· (169)
　　本章习题 ··· (172)
　　本章小结 ··· (172)

附　录　重点词汇中英文解释 ··· (174)
附　表 ··· (180)

"双碳"战略的基础理论

第一章 碳达峰与碳中和概述

第一节 碳达峰碳中和目标界定

一、什么是碳达峰

(一)全球气候变化趋势与危害

随着全球化的进程加速,人类活动引发的温室气体排放量迅速增长,尤其是二氧化碳(CO_2)的排放,已成为全球气候变化的主要驱动力之一。自工业革命以来,随着工业化活动的增加,全球 CO_2 排放量经历了显著的上升。据统计,2022 年全球 CO_2 排放总量达到了惊人的 368 亿t,较 1965 年增长了约 3.3 倍[①]。值得注意的是,自 2000 年以来,这一增长速度有了明显的加快。这种短期内 CO_2 浓度的剧烈增加,直接导致了全球平均气温的快速上升(图 1-1)。

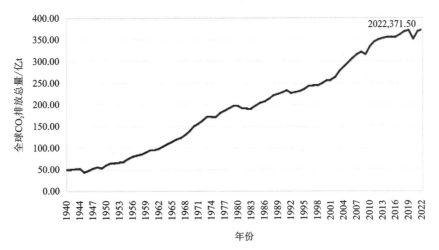

图 1-1　全球二氧化碳 1940—2022 年增长

气候变暖带来的后果是多方面的,其中最为显著的便是极端天气事件频发。风暴、热浪、干旱等极端天气现象不仅给人类社会生活造成了直接威胁,也给全球经济带来了重大损失。这些现象反映出气候变化对地球环境和人类社会的深远影响,急需全球共同努力进行应对。

---

① 国际能源署. CO_2 Emissions in 2022-Analysis[EB/OL]. IEA-International Energy Agency,2022. https://www.iea.org/reports/co2-emissions-in-2022.

为了应对气候变暖带来的挑战,国际社会在2015年达成了《巴黎协定》,旨在将全球平均气温的上升幅度控制在2℃以内,并努力将其限制在1.5℃以内。至此,全球协同应对气候变暖体系初步形成。

(二)碳达峰内涵

碳达峰指的是在某一个特定时点,二氧化碳的排放量不再增长,达到峰值,之后开始逐步回落。这是二氧化碳排放量由增转降的历史拐点,标志着碳排放进入下降通道(图1-2)。实现碳达峰意味着一个国家或地区的经济社会发展与二氧化碳排放实现了"脱钩",即经济增长不再以增加碳排放为代价。因此,碳达峰被认为是一个经济体绿色低碳转型的关键节点。

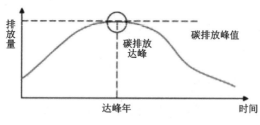

图1-2 碳排放达峰

二、什么是碳中和

(一)碳中和内涵

碳中和是指各行为体产生的温室气体排放总量,通过使用低碳能源取代化石燃料,以及通过植树造林、碳捕集等吸收温室气体的方式,实现自身产生的温室气体正负抵消从而达到相对"零排放"(即碳排放量=碳吸收量)(图1-3)。

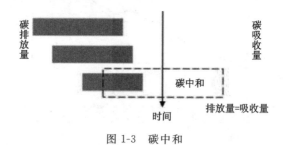

图1-3 碳中和

(二)实现碳中和的关键要素

技术可行、成本可控、政策引导及多边共赢构成了实现碳中和目标的四大基石。

1. 技术可行

技术是推动社会进步、提高生产力的重要因素。在我国既需要保持经济的高质量发展,又要在40年内以"中国速度"实现全社会能源低碳转型的背景下,大力发展可复制、可推广的低碳技术是实现碳中和目标的根本路径。

可以预见，在未来几十年，以 CCUS 技术（碳捕获、利用与封存技术，是应对全球气候变化的关键技术之一）、可再生能源技术、电气化技术、信息技术等为中心的一系列低碳技术发展路线将在能源转型中发挥不可替代的作用。此外，大数据、物联网、人工智能等信息技术也将助力我国碳减排进程，最终实现碳中和愿景。

然而，由于我国的碳减排技术起步较晚，相关技术的深入研究与大规模应用还未进入快车道。现阶段大部分技术仍处于前期研究阶段，对碳减排、碳替代的贡献还相对较小，未来能否大规模推广应用还是未知数。我国距离完全消减碳排放需求和实现能源替代的愿景目标还有很长的一段路要走。

2. 成本可控

绿色低碳技术的发展固然会推动我国技术转型的全面升级，形成国际竞争力，但技术的研究与发展需要企业"买单"，这无疑会大幅提高企业的成本，使其产品丧失市场竞争力。

低碳技术的应用也会相应增加产业链各环节中间产品、终端消费品的成本。因此，碳中和目标的实现需考虑低碳与市场发展的平衡，在技术可行的前提下做到成本可控，这样才能实现可持续发展。零碳经济将彻底重构产业链，这也意味着价值链的全面转型。从几大高耗能、高排放的控排行业来看，绿色低碳转型将大幅提高能源供给与节能减排的成本。

市场上任何个人和企业都讲理性的收益，"价格"是衡量一切新生事物最科学的风向标。即使绿色低碳技术研究取得了极大的进展和突破，如果没有价格优势，也不会有可见的潜在收益，那么绿色低碳技术及相关产品在未来并不会有广阔的市场空间。

因此，碳价和相关制度的保障对于全面推动脱碳进程至关重要。逐步建立我国的碳定价体系和各国碳价的互联机制，可以让相关企业避免在国际竞争中处于劣势。

3. 政策引导

虽然我国已具备 2060 年实现碳中和愿景的一定基础，但是由于时间紧、任务重，我国脱碳之路对行业产业结构、生产方式的调整和社会大众生活方式的改变提出了更严苛的要求。对于企业而言，实现碳中和意味着越来越严格的碳排放标准和越来越高的碳排放成本，并在发展低碳技术项目的融资方面面临较大挑战，企业可能很难主动参与到实现碳中和的行动中来。

因此，政府需要完善行业排放标准、建立碳税征收机制、建立健全碳排放权交易市场并构建绿色金融体系等，实施一系列碳减排政策，为企业发展碳减排新技术提供政策上的支持与引导，助力企业尽早开展低碳转型的尝试，帮助企业降低转型成本和融资难度，降低企业应用碳减排技术的风险，从而让企业以最低的成本和风险实现低碳转型。

4. 多边共赢

要实现碳中和目标，一方面需要国家间的合作与交流，因为实现碳中和是全球共同的责任。同时，与欧美等发达国家开展技术合作，充分利用全球绿色低碳转型的共识与契机，能够实现不同国家在节能减排、低碳技术上的互补。另一方面还需要产业链上下游利益共同体的协同努力,助力能源供给侧减排与减少能源需求侧的碳排放双管齐下,从而实现互惠互利、合作共赢。

三、碳达峰与碳中和

(一)碳达峰与碳中和的共同目标

联合国政府间气候变化专门委员会(Intergovernmental Panel on Climate Change,IPCC)是由联合国环境规划署(United Nations Environment Programme,UNEP)和世界气象组织(World Meteorological Organization,WMO)合作成立的进行科学评估的机构,每5~6年组织全球的科学家结合全球气候变化的相关研究进展作科学评估报告,揭示应对气候变化迫切行动的必要性。而碳达峰与碳中和目标正是在基于当前人们面临全球气候变化的挑战和如何积极应对气候变化的大背景下提出的。温室气体排放增加会导致气候风险加大,为了推动社会经济可持续发展,就必须控制气候风险,提出温度目标。因此2015年第21届联合国气候变化大会上通过的《巴黎协定》将科学结论转化为政治目标,即全球到21世纪末,升温不超过2℃,力争实现1.5℃。碳达峰与碳中和的目标实际上是控制温室气体排放的目标。

习近平总书记在2020年9月22日首次提出"双碳"目标:二氧化碳排放力争于2030年前达到峰值,争取2060年前实现碳中和。2022年1月24日,中共中央政治局第三十六次集体学习提出要处理好四对关系。这四对关系分别是:发展和减排的关系,即要通过减排来推动高质量发展,提高发展效率;短期和中长期的关系,即中长期的目标要通过短期的控制和努力逐步实现;整体和局部的关系,即国内不同地区根据资源分布和产业结构制定不同的排放目标;政府和市场的关系,即推动有为政府和有效市场更好地结合,建立健全"双碳"工作激励约束机制。

(二)碳达峰与碳中和的联系

从目前各国的减排路径来看,碳达峰与碳中和具有密切的关系。一是碳达峰是碳中和的前置条件,只有在实现碳达峰的基础上,才能实现碳中和。欧洲国家大多在20世纪后半期或21世纪初就实现了碳达峰,这些国家在实现碳达峰之后,工业领域的碳排放水平不断下降。从20世纪80年代和90年代开始,德国、法国等国家通过关闭煤矿、钢铁企业等方式,压缩煤炭在工业领域的比重。欧洲作为全球气候变化的先锋,在原有2℃目标的基础上,进一步强化了对于气候变化的温升目标控制,将1.5℃作为欧洲碳中和的主要目标。欧盟在2019年12月通过一项新的可持续增长战略——"欧洲绿色投资和公正过渡机制",计划动员至少1万亿欧元使欧洲在2050年实现碳中和。二是碳达峰是短期目标,碳中和是长期目标。从发达国家的碳中和决策历程来看,碳达峰是实现碳中和的阶段性目标。首先,从世界各国的碳达峰路径来看,碳排放达峰之后,会经历一个平台期,随后碳排放水平会持续下降。其次,伴随着技术的进步,碳捕集的技术和负排放技术也得到越来越广泛的应用,随着规模的扩大,进入良性循环的状态。一是清洁能源的成本和价格持续下降,通过政府财政补贴的方式逐步为市场配置资源的方式所替代。二是化石燃料的成本和价格不断上升,其价格逐渐超过清洁能源的价格,使用清洁能源已经是基于成本和收益的考虑。在这种情况下,燃烧化石燃料的基础不复存在,基于低碳和低排放的产业体系和市场价格机制趋于完善,近零排放技术被大规模应用,为碳中和的最终实现奠定了坚实的基础。

第二节 全球碳达峰与碳中和的现状

一、全球碳达峰进展

目前全球已经有54个国家的碳排放实现达峰,这些国家的碳排放量占全球碳排放总量的40%。1990年、2000年、2010年和2020年碳排放达峰国家的数量分别为19个、33个、48个和53个,其中大部分属于发达国家。这些国家的碳排放量总和占当时全球碳排放量的比例分别为21%、18%、36%和40%。2020年,碳排放量排名前十五位的国家中,美国、俄罗斯、日本、巴西、德国、加拿大、韩国已经实现碳排放达峰。中国、马绍尔群岛、墨西哥、新加坡等国家承诺在2030年以前实现碳排放达峰。届时全球将有57个国家实现碳排放达峰,这些国家的碳排放量总和占全球碳排放量的60%(图1-4)。

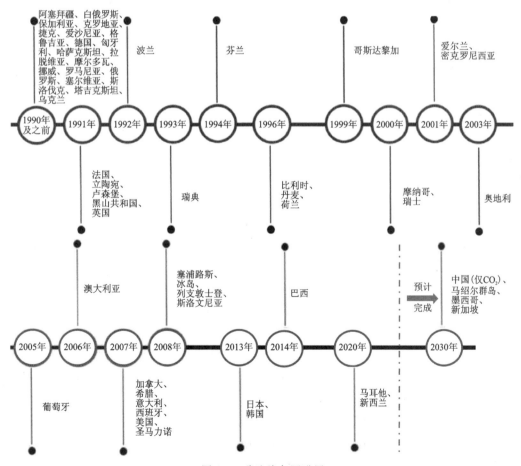

图1-4 碳达峰各国进展

(一)美国

美国作为世界上最大的经济体之一,其碳排放量及减排进展一直是全球关注的焦点。美国的碳排放峰值出现在2007年,之后开始下降,这主要得益于其能源结构的转变,特别是用天然气取代煤炭发电。在政策层面,美国经历了从积极应对气候变化到政策倒退的波动。奥巴马政府期间,美国推动了包括《清洁电力计划》在内的多项环保政策。而特朗普政府则退出了《巴黎协定》并放宽了环保规定。拜登政府上台后,美国重返《巴黎协定》,并承诺到2030年,温室气体排放量比2005年减少50%~52%,同时推出了大规模的基础设施投资计划以促进经济增长和应对气候变化。尽管美国的碳排放量在过去几年整体呈现下降趋势,但仍有波动,距离2030年的目标仍有较大差距。美国能源信息署(U. S. Energy Information Administration, EIA)的报告显示,疫情结束后,美国的二氧化碳排放大幅度反弹,2022年的排放量相比2021年有所增加,显示出实现2030年减排目标的挑战依然存在。

(二)欧盟

欧盟是应对全球气候变化、减少温室气体排放行动的有力倡导者。因严格的气候政策和经济发展,欧盟27国作为整体早在1990年就实现了碳排放达峰,但各成员国出现碳排放峰值的时间横跨20年。德国等9个成员国碳排放峰值出现于1990年,其余18个成员国碳排放峰值分别出现于1991—2008年,显示出经济增长与碳排放之间的脱钩并在推广可再生能源、提高能源效率方面也取得了重大进展。IEA发布的最新数据显示,欧盟2022年的碳排放降低了2.5%(7000万t),部分原因是欧盟天然气CO_2排放的减少抵消了煤炭和石油CO_2排放量的增加。

在政策层面,欧盟通过了一系列旨在减少温室气体排放的措施。2019年底,欧盟委员会提出《欧洲绿色协议》,旨在2050年实现碳中和,同时制定了2030年气候与能源框架,并进一步提出2030年温室气体排放量比1990年减少至少55%的目标。为实现这些目标,欧盟已经采取了包括改善能源效率、增加可再生能源使用、减少化石燃料依赖、推动清洁交通和绿色技术发展等一系列措施。此外,欧盟碳交易体系(European Union Emission Trading Scheme, EU, ETS)通过设定排放上限和交易排放权来促进减排,可有效控制工业温室气体排放。

(三)日本

日本碳排放峰值出现于2013年,碳排放峰值为14.08亿t CO_2当量,人均排放量为11.17t CO_2当量,低于欧盟人均水平的8.66%。日本的主要碳排放源同样为能源活动,碳排放达峰时,占碳排放总量的比例高达89.58%,而工业生产过程、农业和废物管理的碳排放量占比分别为6.36%、2.47%和1.59%。达峰后,能源活动造成的碳排放量占比略有下降,得益于日本严格的垃圾回收政策,废物管理造成的碳排放量持续降低。

日本政府已经宣布了到2050年实现碳中和的目标,这意味着到2050年,日本将达到净零温室气体排放。为了实现这一长期目标,日本推出了"绿色增长战略",旨在通过促进绿色技术和可再生能源的发展,在推动经济增长的同时减少环境影响。此外,日本计划显著增加太阳能、风能等可再生能源的使用比例,减少对化石燃料的依赖。同时,日本也在积极推动能源结构的优化和转型,包括提高能源效率和推广电动汽车等措施,以实现其碳达峰和碳中和的目标。

(四)其他主要经济体

俄罗斯碳排放峰值出现于 1990 年,碳排放峰值为 31.88 亿 t CO_2 当量,人均排放量为 21.58t CO_2 当量。2010 年之后,随着俄罗斯经济逐渐复苏,碳排放量有所回升,但仍然远低于 1990 年的水平。

巴西于 2014 年实现碳排放达峰,碳排放峰值为 5.1 亿 t CO_2 当量,人均排放量仅 2.5t CO_2 当量。2021 年巴西碳排放量有所回升,总体仍低于 2014 年。

英国早在 1991 年即实现碳排放达峰,碳排放峰值为 8.07 亿 t CO_2 当量,人均排放量 14.05t CO_2 当量,之后碳排放量持续降低,至 2018 年碳排放总量仅为 4.66 亿 t CO_2 当量。

加拿大、韩国分别在 2007 年和 2013 年实现碳排放达峰,碳排放峰值分别为 7.42 亿 t 和 6.97 亿 t CO_2 当量,人均排放量分别为 22.56t 和 13.82t CO_2 当量,之后进入平台期。

二、各国碳中和承诺与实践

目前,已经有数十个国家和地区提出了"零碳"或"碳中和"的气候目标,能源和气候情报组(Energy and Climate Intelligence Unit,ECIU)的净零排放跟踪表统计了各个国家的进展情况,其中包括已实现的 2 个国家,已立法的 6 个国家,处于立法中状态的包括欧盟(作为整体)和其他 3 个国家。另外,有 12 个国家(包括欧盟国家)发布了政策宣示文档。具体统计见表 1-1。

表 1-1 已承诺实现碳中和国家进展表

进展情况	国家和地区(承诺年)
已实现	苏里南共和国、不丹
已立法	瑞典(2045)、英国(2050)、法国(2050)、丹麦(2050)、新西兰(2050)、匈牙利(2050)
立法中	欧盟(2050)、西班牙(2050)、智利(2050)、斐济(2050)
政策宣示	芬兰(2035)、奥地利(2040)、冰岛(2040)、德国(2050)、瑞士(2050)、挪威(2050)、爱尔兰(2050)、葡萄牙(2050)、哥斯达黎加(2050)、斯洛文尼亚(2050)、马绍尔群岛(2050)、南非(2050)、韩国(2050)、中国(2060)、日本(2050)

美国实现碳达峰的时间为 2007 年,承诺实现碳中和的时间为 2050 年;欧盟实现碳达峰的时间为 1990 年,承诺实现碳中和的时间为 2050 年;加拿大实现碳达峰的时间为 2007 年,承诺实现碳中和的时间为 2050 年;韩国实现碳达峰的时间为 2013 年,承诺实现碳中和的时间为 2050 年。日本实现碳达峰和承诺实现碳中和的时间分别为 2013 年和 2050 年,澳大利亚实现碳达峰和承诺实现碳中和的时间分别是 2006 年和 2040 年,此外,南非承诺实现碳中和的时间是 2050 年。

除此之外,我国计划在 2030 年实现碳达峰,比欧盟实现碳达峰晚约 40 年,比美国晚约 23 年,比日韩晚约 17 年,之后,我国计划在 2060 年实现碳中和,仅比发达经济体实现碳中和晚约 10 年。

为实现碳中和目标,一些国家制定了以产业政策为主的减排路线图。考虑到全球温室气体排放量的 73% 源于能源消耗,其中 38% 来自能源供给部门,35% 来自建筑、交运、工业等能源消费部门,因此部分国家研究制定了碳中和背景下的产业政策,支持减排目标。具体见如下 5 条。

(一)发展清洁能源,降低煤电的供应

根据国际能源署(IEA)测算,2022 年,化石燃料(煤炭、石油、天然气)在全球能源消费中的占比为 82%,较 2021 年上升了 1%。这表明,尽管可再生能源增长迅速,化石燃料的主导地位并未发生显著改变[①]。

对于能源供给侧的全面脱碳,国际能源署(IEA)预测,在其所设定的情景下,到 2030 年化石燃料在全球能源混合中的份额将降至低于 75%,到 2050 年将进一步降至略高于 60%。这一转变将是实现碳中和目标的关键一步[②]。因此,各国从能源供给端着手,推动能源供给侧的全面脱碳是实现碳中和目标的关键,主要有两个途径:一是降低煤电供应;二是发展清洁能源,开发储能技术,提高能源利用率。以下是各国在淘汰煤炭发电、发展清洁能源和储能技术方面的主要活动和承诺(表 1-2)。

表 1-2 各国清洁能源行动进展

国家/地区	事件	时间	详情
英国和加拿大	成立"弃用煤炭发电联盟"(The Powering Past Coal Alliance)	2017 年	已有 32 个国家和 22 个地区政府加入,承诺未来 5~12 年内彻底淘汰燃煤发电
瑞典	关闭国内最后一座燃煤电厂	2020 年 4 月	—
丹麦	停止发放新的石油和天然气勘探许可证,并计划在 2050 年前停止化石燃料生产	—	—
德国	出台《气候行动法》和《气候行动计划 2030》	2019 年	可再生能源发电量占总用电量的比重逐年上升,预计在 2050 年达到 80% 以上
美国	颁布《复苏与再投资法》	2009 年	通过税收抵免、贷款优惠等方式鼓励私人投资风力发电,2019 年风能成为排名第一的可再生能源
欧盟	发布氢能战略	2020 年 7 月	推进氢技术开发
英国、丹麦	提出发展氢能源	—	为工业、交通、电力和住宅供能

---

① 国际能源署.2022 年世界能源展望:执行摘要[EB/OL].(2022-10-12)[2024-03-12].
② 世界经济论坛.这是世界能源状态——图表解析[EB/OL].(2022-08-12)[2024-03-12].

(二)减少建筑物碳排放,打造绿色建筑

各国建筑行业实现碳中和的主要途径就是打造绿色建筑,即在建筑生命周期内,最大限度地节约资源、保护环境,提高空间使用质量,促进人与自然和谐共生。为此,主要做法有两种。

一是出台绿色建筑评价体系,推广绿色能效标识。绿色建筑评价体系和绿色能效标识是建筑设计者、制造者和使用者的重要节能指引,有助于在建筑的生命全周期中最大限度地实现节约资源、保护环境。在评价体系方面,英国出台了世界上第一个绿色建筑评估方法——BREEAM(Building Research Establishment Environmental Assessment Method),全球已有超过27万幢建筑完成了BREEAM认证;德国推出了第二代绿色建筑评价体系——DGNB(DGNB是德国可持续建筑委员会的德语首字母缩写)认证体系,涵盖了生态保护和经济价值;新加坡在《建筑控制法》中加入了最低绿色标准,出台了GreenMark评价体系,对新建建筑、既有建筑及社区的节能标准做出了规定。在绿色能效标识方面,美国和德国分别实行了"能源之星"和"建筑物能源合格证明",标记建筑和设备的能源效率及耗材等级。

二是改造老旧建筑,新建绿色建筑。欧洲八成以上的建筑年限已超20年,维护成本较高。欧盟委员会2020年发布了"革新浪潮"倡议,提出2030年所有建筑实现近零能耗;法国设立了翻新工程补助金,计划帮助700万套高能耗住房符合低能耗建筑标准;英国推出"绿色账单"计划,以退税、补贴等方式鼓励民众为老建筑安装减排设施,对新建绿色建筑实行"前置式管理",即建筑在设计之初就综合考虑节能元素,按标准递交能耗分析报告。

(三)减少交通运输业碳排放,布局新能源交通工具

随着使用量的增加,汽车将成为最大的能源消费领域。为了应对这一挑战,全球各国政府和产业界正在积极推动交通运输行业向低碳发展转型。这一转型主要通过以下几个方面实现。

(1)推广新能源汽车和碳中性交通工具:关键在于电池技术和充电基础设施的突破。为此,各国采取了包括资金优惠和公共服务优先等正向激励政策,以及制定禁售燃油车时间表等负向约束政策。

(2)陆路交通的法律政令推广:包括建立低碳燃料标准、税收抵免、发布绿色交通战略或交通法令等,鼓励使用电动或零排放车辆。

(3)水陆运输领域的零排放交通工具推广:计划通过创建跨欧洲多式联运网络,为各种运输方式提供便利,以实现旅行的碳中和。

(4)交通运输系统的数字化发展:通过数字技术升级交通、优化运输模式、降低能耗和节约成本,包括投资关键运输项目、建立统一票务系统、扩大交通管理系统范围等。

表1-3总结了各国在推动交通运输行业低碳发展方面的主要措施。

表 1-3 各国在推动交通运输行业低碳发展方面的主要措施

国家/地区	措施类型	具体措施
德国、挪威、奥地利	正向激励政策	提高电动车补贴,对零排放汽车免征增值税
美国	正向激励政策	出台"先进车辆贷款支持项目",提供低息贷款
哥斯达黎加	正向激励政策	关税优待及泊车优先等待遇
主要发达国家及墨西哥、印度	负向约束政策	公布禁售燃油车时间表
美国	陆路交通法律政令	出台《能源政策法案》,建立低碳燃料标准并进行税收抵免
日本、智利等	陆路交通法律政令	发布绿色交通战略或交通法令,鼓励使用电动或零排放车辆
欧盟	可持续与智能交通战略	创建跨欧洲多式联运网络,推动500km以下旅行实现碳中和
欧盟	交通系统数字化发展	投资22亿欧元于"连接欧洲设施"基金,加大智能交通系统部署,推动数字化和智能化

(四)减少工业碳排放,发展碳捕获碳储存

工业领域包含的冶金、化工、钢铁、烟草等均是高耗能、高排放部门。2019 年,经济合作与发展组织[Organisation for Economic Co-operation and Development,简称经合组织(OECD)]国家的工业部门二氧化碳排放量占其排放总量的29%。各国工业部门实现碳中和的主要做法有两种。

发展生物能源与碳捕获和储存技术(Bio-Energy with Carbon Capture and Storage,BECCS)。生物能源与碳捕获和储存技术是一种温室气体减排技术,运用在碳排放相关行业,能够创造负碳排放,是未来减少温室气体排放、减缓全球变暖最可行的方法。但该技术成本高、过程不确定,目前尚处于初期阶段。2018 年,英国启动了欧洲第一个生物能源与碳捕获和储存试点。根据 IEA 估计,至少需要 6000 个这类项目,且每个项目每年在地下存储 100 万t二氧化碳,才能实现 2050 年碳中和目标。目前全球达到这个存储量的项目不足 0.3%。

发展循环经济,提升材料利用率。欧盟委员会通过新版《循环经济行动计划》,贯穿了产品整个周期,特别是针对电子产品、电池和汽车、包装、塑料及食品,出台欧盟循环电子计划、新电池监管框架、包装和塑料新强制性要求,以及减少一次性包装和餐具的规定,旨在提升产品循环使用率,减少欧盟的"碳足迹"。

(五)减轻农业生产碳排放,加强植树造林

农业生产是重要的碳排放源,占全球人为总排放的19%。发展低碳经济离不开低碳农业。各国农业碳中和的主要途径是增强二氧化碳等温室气体的吸收能力,即加强自然碳汇,如恢复植被。英国政府发布了《25 年环境计划》和《林地创造资助计划》,提出到 2060 年将英格兰林地面积增加到12%。秘鲁等7个南美国家签署了《灾害反应网络协议》,增强雨林卫星监测,禁止砍伐并重新造林。墨西哥以国家战略明确2030年前实现森林零砍伐的目标。新西兰、阿根廷均以法律形式,提出增加本国碳汇和碳封存能力的目标。

减少农产品的浪费也有利于实现碳中和。欧盟发布了《农场到餐桌战略》,并计划于2024年出台垃圾填埋法律,最大限度地减少垃圾中的生物降解废弃物。但目前绝大部分国家在农业、废物处理领域的低碳化技术均处于发展初期,成本较高,有效性也尚待验证。

第三节　我国碳达峰碳中和的现状

一、"双碳"战略的核心目标及实施路径

（一）碳排放量

据国际能源署(IEA)报告,2022年全球能源相关CO_2排放量增长了0.9%,达到了36.8Gt的新高。在这一背景下,中国的CO_2排放情况表现出不同的特点。特别是在2022年第二季度,中国的二氧化碳排放量比前一年同期下降了8%,减少了约2.3亿t。这一变化主要得益于国内外部因素的影响,包括COVID-19疫情对经济活动的影响,以及中国政府加强环境政策和清洁能源投资所做的贡献[1][2]。

尽管2022年中国CO_2排放出现了显著下降,但要实现长期的碳中和目标,仍面临重大挑战。根据最新预测和政策分析,预计中国将在2025年左右达到碳排放峰值,峰值排放量约为11.9Gt CO_2。为了实现2060年前的碳中和目标,中国需要在碳达峰后迅速减少排放量,实现从碳达峰向碳中和的平稳过渡[3]。

为了应对这些挑战,中国正在加大力度推进能源结构调整,提高能源利用效率,发展清洁能源,并推动工业、交通等重点领域的低碳转型。同时,加强国内外合作,促进绿色低碳技术的创新和应用,也是实现"双碳"目标的重要途径。

（二）碳排放强度

碳排放强度(Carbon Emission Intensity,CEI)是衡量单位经济产出中碳排放量的一个指标。它通常用来表示每产生一定数量的国内生产总值(Gross Domestic Product,GDP)或能源消耗量时,所产生的二氧化碳排放量,反映了能源使用的效率。一个较低的碳排放强度意味着在产生相同经济产出的情况下,排放的二氧化碳较少,这通常与较高的能源效率相关。通过碳排放强度,可以评估一个国家或地区的经济发展对环境的影响程度,尤其是在气候变化和全球变暖的背景下,同时,政府和决策者可以利用碳排放强度来制定和评估减排政策和措施的效果。通过降低碳排放强度,可以朝着实现全球气候目标和减少温室气体排放的长期目标迈进。

---

[1] 国际能源署.2022年全球能源相关CO_2排放增长分析[EB/OL].2022.
[2] Carbon Brief.2022年第二季度中国CO_2排放记录下降8%的分析[EB/OL].2022.
[3] 世界经济论坛.预计中国将在2030年前实现其气候目标[EB/OL].2022.

为实现"双碳"目标,中国单位 GDP 二氧化碳排放需快速下降。截至 2022 年,尽管全球面临能源需求增长和经济恢复的双重挑战,中国在减少碳排放强度方面仍然取得了显著进展[1]。特别是在第二季度,中国的二氧化碳排放量比前一年同期下降了 8%,显示出中国在优化能源结构、提高能源效率和推动经济高质量发展方面取得了积极成效[1]。依照碳中和路径,中国单位 GDP 二氧化碳排放将于 2040—2050 年间降至与主要发达国家当前水平相当;2060 年中国单位 GDP 二氧化碳排放仅为 2020 年的 2%左右,全社会整体将进入低碳发展模式,2020—2060 年单位 GDP 二氧化碳排放年均下降速度需达到 9%以上。

中国与主要发达国家单位 GDP 二氧化碳排放量对比(2015 年不变价)如图 1-5 所示。

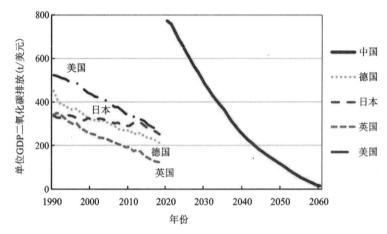

图 1-5 中国与主要发达国家单位 GDP 二氧化碳排放量对比(2015 年不变价)
(以中需求—高速转型—长平台期情景为例)

(三)能源结构

随着中国经济的快速发展,能源消费不断增加,现有的能源消费结构严重制约了中国经济的高质量发展,能源消费问题正在逐渐演变为限制中国发展的难题。

根据现有的统计数据,2022 年中国的煤炭消费量占全国能源消费总量的 56.2%[1]。同时,全球煤炭消费在 2022 年增长了 0.6%,达到 161EJ[2]。全球能源消费总量为 54.1 亿 t 标准煤,同比增长 2.9%[3]。其中,石油占 31.8%、天然气 24%、煤炭 26.8%,三种化石能源合计 82.6%,可见传统能源依然主导全球能源结构[4]。

近年来,中国的能源消费结构整体上朝着优质化的方向发展,煤炭和石油消费总量增长

---

[1] 国家统计局.2022 年我国煤炭消费量占能源消费总量的 56.2%[EB/OL]. https://news.bjx.com.cn/html/20230301/1291722.shtml.

[2] 世界能源统计年鉴(2023).2022 年世界煤炭产量增长 7.9%煤炭消费增长 0.6%[EB/OL]. https://www.las.ac.cn/front/product/detail?id=88a9fdfc72e793598c7dc708b78e728f.

[3] 国家发展和改革委员会.2022 年我国能源生产和消费相关数据[EB/OL]. https://www.ndrc.gov.cn/fggz/hjyzy/jnhnx/202303/t20230302_1350587_ext.html.

[4] 世界能源统计年鉴(2002). https://www.bp.com/content/dam/bp/business-sites/en/global/corporate/pdfs/energy-economics/statistical-review/bp-stats-review-2022-full-report.pdf.

放缓,而天然气、一次电力及其他能源的消费总量快速增长,能源消费结构实现了持续优化、质量不断提升和供给多元化的转变。

(四)终端电气化水平

碳中和目标将促使终端电气化进程不断推进,终端电气化是指在能源消费的终端环节,如工业、建筑、交通等领域,通过使用电力替代传统的化石燃料,以提高能源效率和减少碳排放,这一过程对于实现碳中和目标具有重要意义。终端电气化可以增加对风能、太阳能等可再生能源的需求和利用,减少对单一能源的依赖,提高能源供应的稳定性和安全性,推动能源结构绿色转型[1]。实施终端电气化,需推动电能在工业、建筑、交通三大重点领域的广泛应用。在工业生产中,利用电能替代传统的化石燃料,如使用电炉替代燃煤炉;在建筑领域,推广使用电力供暖和制冷系统,如热泵技术,以及利用太阳能光伏板直接供电;在交通领域,发展电动汽车和电动公共交通系统,减少对石油的依赖。

全国及分部门终端电气化率如图 1-6 所示。

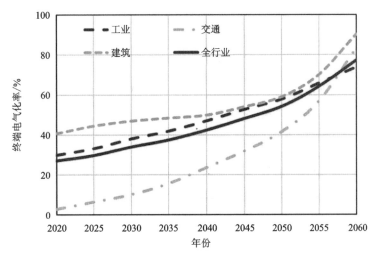

图 1-6 全国及分部门终端电气化率(中需求—高速转型—长平台期情景)

二、中国碳中和的意义与机遇

(一)中国碳中和的挑战

1. 总量大、时间紧

2015 年 12 月《巴黎协议》通过,其长期目标是把全球平均气温较工业化前水平升高控制在 2℃以内,并努力将温度上升幅度控制在 1.5℃以内。据联合国政府间气候变化专门委员

---

[1] 张运洲,鲁刚,王芃,等,2020.能源安全新战略下能源清洁化率和终端电气化率提升路径分析[J].中国电力,53(2):1-8.

会(IPCC)的测算,若要实现《巴黎协定》2℃的控温目标,全球必须在2050年达到二氧化碳零排放。2016年9月3日,中国正式加入《巴黎协议》。截至2022年底,全球共有136个国家和经济体正式宣布碳中和目标,主要大国计划设定2050年之前实现碳中和。2020年9月22日,中国国家主席习近平在第七十五届联合国大会一般性辩论上宣布,中国将提高国家自主贡献力度,采取更加有力的政策和措施,二氧化碳排放力争于2030年前达到峰值,努力争取2060年前实现碳中和。这一承诺开启了中国以碳中和目标驱动整个能源系统、经济系统和科技创新系统全面向绿色转型的新时代。在实现这一目标的过程中会有许多困难和挑战,但同时会带来科技创新、能源和经济转型的重大机遇。

总量上,目前我国是全球第一大碳排放国,能源活动碳排放总量约为美国的2倍、欧盟的3倍、日本的8倍(图1-7)。按照我国政府设定的目标计算,我国在未来10年需要保持平均每年2.85%以上的单位能耗降幅才可以在2030年实现碳达峰,这个速率和"十三五"期间基本持平。虽然相较于大多数发达国家承诺的2050年实现碳中和,中国的碳中和目标年份晚了10年,但是大多数发达国家更早实现了工业化和城市化,碳排放已经达峰并进入下降通道,而中国碳排放还在增长。我国从碳达峰到碳中和目标之间只有30年的时间,比发达国家的时间更加紧迫,因此不排除我国会在2030年之前提前实现碳达峰。

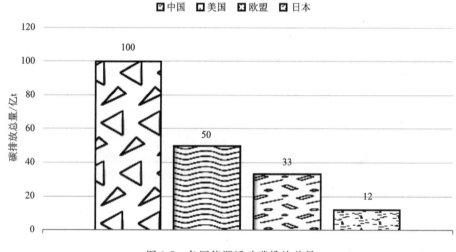

图1-7 各国能源活动碳排放总量

2. 制约因素

2035年人均GDP达到中等发达国家水平这一远景目标,隐含2021—2035年间实际GDP增速在4.7%以上。根据国际货币基金组织(International Monetary Fund,IMF)的预测,发达国家目前经济平均增速为1%~2%,而中国经济5%左右的高增速还将维持较长时间。经济增长带来能源需求总量的增长,中国人均能源消费与发达国家相比仍有较大提升空间,约为OECD国家人均一次能源消费量的一半。随着城市化进程不断推进,居民生活水平逐步提高,居民用电需求等能源消费也将继续增长。

2022年，中国CO_2排放量为105.5亿t，占世界总排放量的30.7%[1]，化石能源是碳排放的主要来源，占比高达77%。中国能源消费结构中，石油、天然气、煤炭、新能源占比分别为17.9%、8.5%、56.2%、17.4%；能源生产结构中，石油、天然气、煤炭、新能源占比分别为6.3%、6.2%、68.8%、18.7%。中国能源结构特点是一煤独大、油气对外依存度高，大力发展可再生能源是中长期的能源策略。近两年，中国的能源产量、能源消费量和能源进口量均位居全球第一，油气在能源生产中占比最小，能源结构有待进一步优化，中国是能源大国但不是能源强国[2]，要深入推进能源革命，确保能源安全，深入推进"两碳"目标。我国能源结构如图1-8所示。

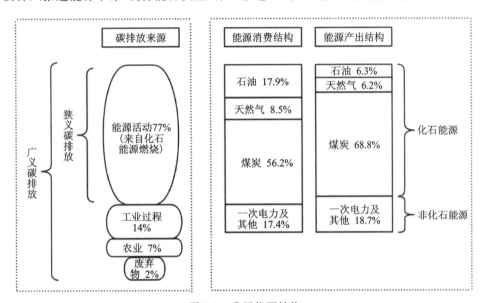

图1-8　我国能源结构

[数据来源：共研产业咨询（共研网）、国家统计局]

实现碳中和要求能源系统从以化石能源为主导的能源体系转变为以可再生能源为主导的能源体系，实现能源体系的净零排放甚至负排放。从科技创新的角度看，很多实现碳中和的技术还不成熟，需要重大领域的科技突破；实现碳中和涵盖的科技领域不仅包含能源，还涉及交通、建筑、工业、农业、生物科技等。从经济转型角度看，碳排放涉及整个经济系统，任何企业都有碳排放的问题，需要整个经济体系里的每一个经济个体的转型，也需要相关的基础设施和金融体系的转型。

（二）中国碳中和的机遇

应对气候变化的全球共识和趋势已经无法逆转，未来各国将出台大量支持碳中和的政策措施。我国积极布局碳中和，《中华人民共和国经济和社会发展第十四个五年规划和2035年

---

[1] Energy Institute. Statistical review of world energy 2023[R/OL]. (2023-06-25)[2023-08-01]. https://www.energyinst.org/statistical-review.

[2] 邹才能，熊波，李士祥，等，2024.碳中和背景下世界能源转型与中国式现代化能源革命[J].石油科技论坛，43(1)：1-17.

远景目标纲要》(简称"十四五"规划纲要)中,19篇有6篇提到碳中和相关内容(表1-4)。此外,提出了绿色生态相关目标,包括单位GDP能耗降低13.5%,单位GDP二氧化碳排放降低18%,地级及以上城市空气质量优良天数比率上升至87.5%,相比"十三五"期末的87%提高0.5%,地表水达到或好于Ⅲ类水体比例达到85%,森林覆盖率达到24.1%等。

表1-4 "十四五"规划总结——碳中和相关内容

分类	主要内容	主要涉及行业
科技创新	气候变化问题的国际合作和联合研发 未来产业孵化与加速计划:氢能、储能 国家重大科技基础设施:高效低碳燃气轮机试验装置 重大项目示范:节能低碳技术产业化工程,近零能耗建筑,碳捕集、利用与封存(CCUS)	新能源、建筑、化工
能源体系	能源革命:B2集中式和分布式并举,风电、光伏、水电、核电、地热 非化石能源:占能源消费总量的20%,建设清洁能源基地 能源调配:特高压输电通道利用率,电网智能调节	新能源、电力、化石能源
产业支柱	产业体系新支柱:新能源汽车、绿色环保 全产业链竞争力:电装备、新能源 制造业核心竞争力:新能源汽车高安全动力电池、高效驱动电机、高性能动力系统等	新能源、汽车、电力、电子
产业转型	双控:能源消费总量+能源消费强度 方法:以控制碳强度为主、排放总量为辅 策略:支持有条件的地方和重点行业、企业率先达到碳排放峰值 低碳转型重点行业:工业、建筑、交通	钢铁、石化、水泥、汽车、物流
生态保护	长江、黄河生态圈治理:控制煤炭开发强度,矿山修复矿权有序退出,精细化分区管控 污染治理:全面实行排污许可证,监测污染物在二氧化硫、氮颗粒的基础上增加细颗粒物,臭氧和挥发性有机物的控制 污废处理:集中焚烧无害化处理	化石能源、钢铁、水泥、有色金属
市场工具	生态补偿:市场化多元(碳排放权市场化交易、排污权等) 税收政策:实施有利于节能环保和资源综合用的税收(碳税、环保税等) 绿色金融:绿色基金、债券信贷	金融

从中国现有的能源结构与碳排放状况来看,实现"30·60"目标(即2030年前实现碳达峰,2060年前实现碳中和)至少需要从3条路径(图1-9)入手:一是控制和减少碳排放,通过能源结构调整,限制化石能源的使用,增加清洁能源的使用;二是增加、促进碳吸收,主要包括技术固碳,即碳捕集和封存技术,以及生态固碳两种手段;三是通过建立绿色金融体系来支持碳中和目标的实现。

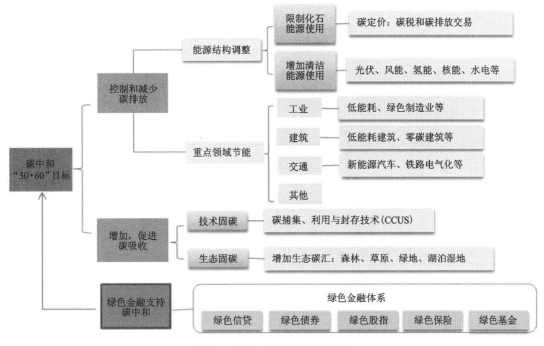

图1-9 "30·60"目标实现路径

1. 碳减排——政策性工具

通过相关政策积极推动产业结构调整、能源结构优化和重点行业能效提升。中国在碳减排方面已取得了显著成效:1980年以来我国的单位GDP能耗持续降低,CO_2排放总量增速放缓。碳减排的积极成果为我国实现碳中和目标奠定了基础。此外,我国新建立的碳排放交易市场将对我国实现碳中和目标发挥积极的作用。

属于建立初期的我国碳排放权交易市场(图1-10),仅包含易测算碳排放的电力行业。现阶段该市场对碳减排的实质贡献不大,但随着2021年2月1日《碳排放权交易管理办法(试行)》正式实施,全国碳排放市场发电行业第一个履约周期正式启动,涉及3000家发电行业重点排放单位,预计碳排放市场对碳减排的影响力将逐步显现。碳排放市场主要为现货交易,可分为两类。

一为基于"总量—配额"原理,政府每年确定碳排放总额的上限,有偿或无偿向企业分配碳排放配额,排放配额可在企业间进行交易。

二为基于"基准线—项目"原理,面向减排项目的核证自愿减排量(Chinese Certified Emission Reduction,CCER)交易。国家核证自愿减排量(CCER)是对我国境内可再生能源、

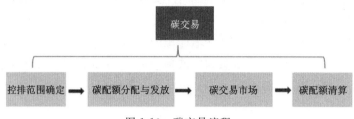

图 1-10 碳交易流程

林业碳汇、甲烷利用等项目的温室气体减排效果进行量化核证并登记后的减排量,以推动二氧化碳减排为主要目的。任何非控排企业采用经国家主管部门备案的方法学,均可开发为自愿减排项目,签发获得CCER(表1-5)。

表 1-5 光伏项目 CCER 增收

项目	数值
参数:光伏项目装机容量	100MW
参数:可开发出 CCER 的量	11 万 t/a
参数:全生命周期可开发年份	21a
全生命周期可开发出 CCER 的量	231 万 t
当前北京 CCER 成交价	20 元/t
通过碳交易可额外增收	4620 万元

2. 碳吸收

碳捕集、利用与封存技术,是指将工业生产和火力发电产生的 CO_2 收集并储存起来,避免其排入大气的一种技术(图1-11)。国务院从2014年起开始规划在火电、化工、油气开采、钢铁等行业中实施碳捕集实验示范项目。目前我国已建成9个十万吨级以上的碳捕集项目,累计封存量超过150万t。

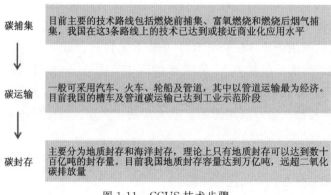

图 1-11 CCUS 技术步骤

对封存后的碳进行利用的实践场景目前来说较少,其中一个主要路径是二氧化碳驱油,即将二氧化碳注入油层中以提高油田采率。其他利用方式有待进一步开发。

(三)中国碳中和的意义

碳达峰与碳中和为进入新发展阶段的我国低碳发展确立了新目标、注入了新动力,符合我国低碳发展战略内在演化逻辑。这一战略部署符合我国可持续发展的内在要求,也是维护气候安全、共谋全球生态文明建设的必然选择。

在国内层面,这些目标与生态文明理念高度一致,推动经济向绿色低碳转型。碳达峰、碳中和既强调产业结构调整、生产侧节能降碳,也推崇适度、低碳、健康的消费方式和生活方式。同时作为构建新发展格局的重要组成部分,能促进经济高质量发展。我国经济社会的绿色低碳转型,不仅体现了生态文明理念,而且通过政策引导和示范效应,提高了社会各方面对低碳发展的积极性和创造性,目标是在满足人民日益增长的美好生活需要的情况下实现碳中和。

在国际层面,作为世界上最大的二氧化碳排放国,中国的碳达峰对维护全球气候安全至关重要。中国的行动有助于防范气候风险,减少自然灾害损失,并在新冠疫情后引领世界经济的绿色复苏。中国的碳达峰、碳中和目标向世界发出了明确的信号,即疫情不应成为减缓应对气候变化行动的借口。通过"一带一路"等多边合作平台,中国致力于加强绿色能源和金融合作,推动全球经济向更加可持续的方向发展。总之,中国的碳达峰与碳中和目标旨在实现国内经济社会的绿色低碳转型,并为全球气候治理和经济发展做出积极贡献。

本章习题

(1)解释什么是碳达峰与碳中和,它们的概念和目标是什么。
(2)分析全球气候变化对人类社会和生态环境的影响。
(3)讨论二氧化碳排放量增加如何导致温室效应和全球气温上升。
(4)说明国际社会在应对气候变化方面的重要举措和政策。
(5)总结中国在实现碳中和目标方面所面临的机遇和挑战。
(6)探讨实现碳中和的关键要素。
(7)碳捕集、利用与封存(CCUS)在中国碳中和战略中扮演什么角色?简述其潜在应用和面临的挑战。
(8)讨论中国在碳中和方面的发展规划和目标,以及相关的绿色生态目标。
(9)分析碳达峰和碳中和对全球气候变化的重要性,以及实现这些目标所需的行动。
(10)推断碳中和对未来经济、社会和生态环境的影响,以及个人、企业应该如何参与到碳中和行动中。

本章小结

本章内容聚焦于碳达峰与碳中和的重要性、目标界定、国际进程,以及中国在这一全球议题中的重要作用和承诺,通过深入探讨全球气候变化的趋势与危害,揭示了二氧化碳排放急剧增加对全球气候造成的影响,包括气候变暖和极端天气事件的频发。同时,本章也回顾了国际社会为应对气候变化所做出的努力,特别是《巴黎协定》中提出的长期目标,即全球平均气温较前工业化时期上升幅度控制在2℃以内,并努力限制在1.5℃以内。

中国作为全球最大的二氧化碳排放国,在应对气候变化、实现碳达峰与碳中和方面的行动显得尤为重要。习近平主席在多个国际场合表达了中国对碳达峰与碳中和的承诺,强调中国将采取更加有力的政策和措施,力争于2030年前达到碳排放峰值,并努力争取于2060年前实现碳中和。这一承诺不仅展现了中国对全球可持续发展和气候安全的责任感,也体现了中国在全球气候治理中的领导作用。

本章还强调了生态文明建设对于实现碳达峰与碳中和目标的重要性。中国提出的生态文明理念,旨在促进人与自然和谐共生,推动经济社会发展方式的根本转变。通过优化产业结构、发展绿色能源、推广低碳生活方式等措施,中国正努力构建一个低碳、绿色、循环的经济体系。

此外,本章还介绍了中国在实现碳达峰与碳中和目标过程中面临的挑战与机遇。虽然任务艰巨,但中国特有的政策制定和执行机制为实现这一目标提供有力保障。中国的成功将为世界其他国家提供宝贵经验,为全球气候治理贡献中国智慧和中国方案。

第二章 碳中和与气候变化

第一节 气候变化的科学基础

一、气候变化

1992年,《联合国气候变化框架公约》(United Nations Framework Convention on Climate Change,UNFCCC)(后简称公约)明确指出了人类活动导致的气候变化及其潜在危害。该公约强调,人为因素显著增加了大气中温室气体的浓度,加剧了自然温室效应,可能导致全球变暖,并对生态系统和人类社会产生负面影响。公约中定义的"气候变化"特指由人类活动直接或间接改变地球大气组成而引起的,区别于自然气候变异的变化。

气候变化的不利影响指气候变化所造成的自然环境或生物区系的变化,这些变化对自然的和管理下的生态系统的组成、复原力或生产力,或对社会经济系统的运作,或对人类的健康和福利产生重大的有害影响。

近10 000年来,地球处于自然的降温阶段,大约从5000年前开始,这种冷却正朝着新的冰河时代的方向发展,本来大约会在1500年之后出现[①]。然而,从19世纪中期开始,由于人类进入工业社会,燃烧了大量的化石燃料,向空气中不断排放温室气体,地表温度在短短一个半世纪内升高了1.09℃,其中陆地温度升高了1.59℃,海洋温度则升高了0.88℃。

尽管地球曾经有过比目前更高的温度,但在更长的时间尺度来看,本次的升温过程也显得极不寻常。在过去的100万年里,地球在冰期和温暖期之间不断震荡,这主要是由太阳辐射的能量、地球围绕太阳的轨道及地球自转角度的变化造成的,但这种变化是缓慢的。过去10 000年中全球平均温度变化不超过1℃,这种稳定性促进了人类文明的发展。自从现代人类出现以来,只有在十多万年前的末次间冰期曾经有过比现在更高的温度,当时的海平面比现在高出6~9m。

二、温室效应和温室气体

温室效应:太阳辐射到达地球表面后,地表(包括陆地和海洋)向外进行长波辐射,这部分热辐射中有很多被大气中的温室气体吸收后又被辐射回地球,造成了地表的升温。如果没有自然的温室效应,地球表面的平均温度会是−18℃(而非现在的15℃),现在的生态系统也就

[①] 能源研究所.尽管可再生能源增加,但2022年全球化石燃料仍然强劲[EB/OL].(2023-06-28)[2024-03-12].

不会存在。人类的活动,主要是燃烧化石燃料和毁林,大大地加强了自然温室效应,引起进一步的全球变暖。

地球表面的主要温室气体包括水蒸气(H_2O)、二氧化碳(CO_2)、甲烷(CH_4)、氧化亚氮(N_2O)、臭氧(O_3)、部分含氟气体(氯氟烃 CFCs、氢氟烃 HFCs、全氟化碳 PFCs、六氟化硫 SF_6、三氟化氮 NF_3)等。虽然水蒸气是造成温室效应最主要的气体(可能占温室效应的60%),但是由于以下两个原因,在计算温室气体排放时并不考虑水蒸气:一是人类活动不会直接影响水蒸气浓度;二是水蒸气在大气中的停留时间只有9d,其他温室气体可能需要数百年才会从大气中清除。

目前主要关注的人为排放温室气体包括二氧化碳(CO_2)、甲烷(CH_4)、氧化亚氮(N_2O)、氢氟烃(HFC)、全氟化碳(PFC)和六氟化硫(SF_6)。

对于不同的温室气体,政府间气候变化专门委员会(IPCC)建议按照全球增温潜势(GWP)统一折算成二氧化碳当量(CO_2e)进行计算和比较。GWP 指从开始释放 1kg 该物质起,一段时间内(如 100 年)辐射效应对应时间的积分,相对于同条件下释放 1kg 参考气体(即二氧化碳)对应时间积分的比值。甲烷和氧化亚氮的 100 年尺度 GWP 分别为 21 和 310,意味着排放 1t 甲烷的温室效应相当于排放 21t 二氧化碳。

大气中主要温室气体的浓度正在迅速升高,达到了近百万年来从未有过的水平。其中二氧化碳在地球大气中的浓度从 1950 年的 312×10^{-9} 迅速上升到 2023 年的 419×10^{-9}(图 2-1),甲烷浓度也从 1985 年的 1657×10^{-9} 增加到 2023 年的 1922×10^{-9}(图 2-2)。

由于二氧化碳在温室气体中所占的主导地位,研究发现大气中二氧化碳浓度和地球表面大气温度呈现强烈的正相关关系(南极冰芯反映的二氧化碳浓度变化幅度可能比全球大气变化更高,但总体趋势一致)。

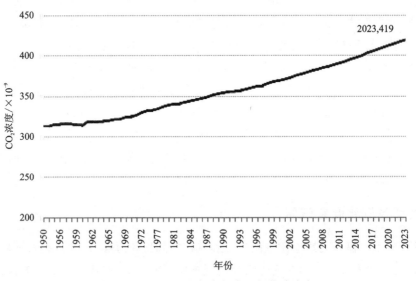

图 2-1　1950—2023 年大气中二氧化碳浓度

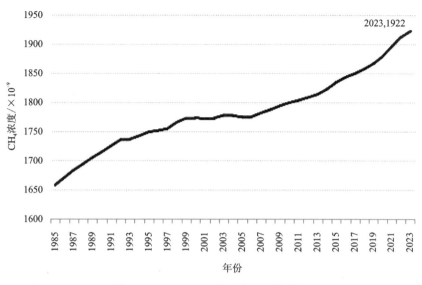

图 2-2　1985—2023 年大气中甲烷浓度

IPCC 第六次报告中确认了人类活动的二氧化碳累积排放量和气温之间近乎线性的关系，每 1000Gt(1Gt=10 亿 t)二氧化碳的排放量可能会导致全球地表温度上升 0.27~0.63℃（最可能的是 0.45℃）(图 2-3)。

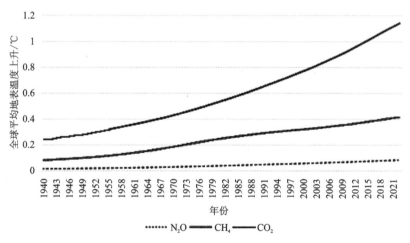

图 2-3　1940 年至 2022 年三大温室气体对全球平均地表温度上升的贡献

图 2-3 展示了自 1940 年以来世界上三大主要温室气体（CO_2、CH_4 和 N_2O）累积排放量对全球平均地表温度(GMST)上升的贡献。数据表明，CO_2 是三者中对全球变暖贡献最大的气体，其次是 CH_4，而 N_2O 的影响相对较小。1940—2022 年的数据显示，CO_2 引起的温度上升呈现持续增加的态势。尤其是在 1980 年之后，CO_2 的影响显著增强，到 2022 年 CO_2 导致的温度上升接近 1.2℃，这一现象与工业化进程加速和化石燃料使用增加密切相关。虽然 CH_4 和 N_2O 的影响从 1940 年到 2022 年也在逐步增加，但其贡献相对 CO_2 而言较小，然而，不应忽视这两种气体的重要性，因为它们的温室效应潜能分别是 CO_2 的 25 倍和 298 倍（以

100年为周期)。减少温室气体的排放对于控制全球变暖和实现气候变化的应对目标至关重要。

三、温室气体排放量

二氧化碳目前是最主要的温室气体。2023年全球温室气体净排放量为374亿t二氧化碳当量(不含土地利用变化),二氧化碳是大气中最主要的温室气体,约占气候变暖效应的64%,这主要是由化石燃料燃烧和水泥生产造成的。2021—2022年的年均增长率为$2.2\times10^{-6}/a$,略低于2020—2021年以及过去十年的增长率($2.46\times10^{-6}/a$)。最可能的原因是,在连续几年出现拉尼娜现象后,陆地生态系统和海洋对大气CO_2的吸收增加。因此,2023年厄尔尼诺事件的发生可能会对温室气体浓度产生影响。

甲烷是一种强大的温室气体,在大气中可存留10a左右。在长寿命温室气体的变暖效应中,甲烷约占16%。排放到大气中的甲烷大约40%来自然源(如湿地和白蚁等),大约60%来自人为源(如反刍动物、水稻种植、化石燃料开采、垃圾填埋和生物质燃烧等)。2021—2022年的增幅略低于2020—2021年的创纪录增幅,但大大高于过去10a的年均增幅。

一氧化二氮既是强大的温室气体,也是消耗臭氧层的化学品。它约占长寿命温室气体辐射强度的7%。排放到大气中的N_2O既有自然源(约60%)也有人为源(约40%,包括海洋、土壤、生物质燃烧、化肥使用和各种工业过程)。

四、温室气体的源和汇

温室气体的源和汇(即排放和吸收)是一个动态的过程,当排放量大于吸收量时表现为净排放,反之,则为净吸收。源和汇均包括自然和人为过程。表2-1介绍了主要温室气体的源和汇。排放的二氧化碳除被陆地和海洋碳汇吸收之外,就以气体的形式停留在大气中,不断升高的浓度造成了地表温度的上升。

表2-1 温室气体的源和汇

温室气体	主要源	主要汇
二氧化碳	化石燃料燃烧、水泥制造、森林砍伐、农业和土地利用变化	陆地汇主要为绿色植物的光合作用;海洋汇包括浮游植物的光合作用、海洋生物的溶解、酸碱反应和碳酸盐生成过程(随着pH值和温度变化也可能从海洋中释放出来)
甲烷	人为源包括天然气、煤炭和石油的生产,垃圾填埋场的分解,反刍动物饲养和水稻种植;自然源包括湿地排放和永久冻土融化造成的冻结制备腐烂	羟基自由基氧化反应

续表 2-1

温室气体	主要源	主要汇
氧化亚氮	天然源包括大气中氨和土壤中的氮的氧化;人为源是通过氮肥的使用增加了土壤中氮的氧化,其他人为源包括化石燃料和生物质燃料燃烧,以及牲畜粪便的腐烂	平流层光解
含氟温室气体	工业合成	极其缓慢的自然清除过程(需要数千年)

第二节 碳中和与气候变化的关联

碳中和的核心与"碳"的要素密不可分。碳是自然界最基本的要素之一,是组成生命体最重要的因素。碳循环是指地球生物圈、岩石圈、水圈和大气圈之间发生碳元素交换,以及随着地球运动而发生的循环。

二氧化碳在碳循环中起着举足轻重的作用,动物靠呼吸作用吸氧和呼出二氧化碳,而植物则靠光合作用,动植物遗体在地质过程中形成了煤炭和石油等化石能源并为人类所使用(燃烧),再排放出二氧化碳。二氧化碳最重要的功能之一就是能储存热,让地球表面保持一定温度并保证多种生命生存。近几十年来,人类活动导致大量温室气体在大气中累积,加剧了温室效应,使全球气候明显变暖。这不仅严重影响了人类社会的发展,还对自然环境产生了广泛而深远的影响。温室气体不仅包括二氧化碳,还包括甲烷、氧化亚氮、氢氟碳化合物、全氟碳化合物和六氟化硫等。这些气体都具有增强温室效应的特性,因此被统称为"温室气体"。

之所以把温室气体排放总结为碳排放,是因为二氧化碳尽管按体积分数只占空气的0.03%,但是却在全球温室气体排放中所占比重最大(接近80%),远超氟利昂、甲烷、水汽、臭氧等其他温室气体。这其中化石燃料使用释放的 CO_2 又占80%以上。同时,由于二氧化碳的分子结构特性,它具有相比其他温室气体强得多的吸收和发射红外辐射能力,是导致全球气温升高的绝对主要温室气体。由此,温室气体减排就是减少碳排放。

第三节 气候变化的影响

IPCC 发布的评估报告显示,气候变化对自然界和人类社会造成了难以逆转的负面影响,包括陆地和海洋的温度上升,自然灾害和极端气候事件的频发,冰川融化和永久冻土的消融,海平面上升和海水酸化,大量物种灭绝和生态系统退化,以及因此导致的对人类社会经济损失和健康影响等。

根据瑞士再保险(SwissRe)的估算,在高度不确定的情境下,满足《巴黎协议》要求的2℃以下升温将会导致全球经济损失4.2%,3.2℃升温情景甚至会造成18.1%的经济损失。而不论在哪种情境下,发展中经济体的损失都会明显高于欧美等发达经济体,中国的经济损失也高于全球平均水平(图2-4)。

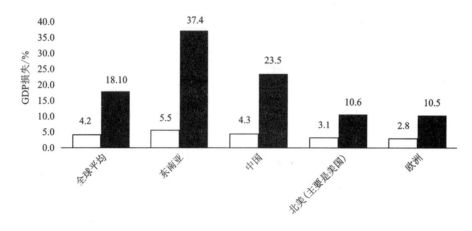

□ 2℃以下升温情景下GDP损失百分比　　■ 3.2℃升温情景下GDP损失百分比

图 2-4　不同升温情景下由于气候变化导致的GDP损失

一、冰川消融和海平面上升

全球变暖最直接的影响就是冰川的消融。目前,超过500座瑞士冰川已经消失,如果不采取任何措施减少排放,剩余1500座冰川中的90%将在21世纪末消失。冰川的退化将对水位产生重大影响——最初水位可能会随着冰融化而升高,但长期来看该地区的水资源会耗竭。这些变化可能引发落石和其他危险,并影响当地经济。

卫星观测发现,格陵兰冰盖在较低海拔的部分正在变薄。这一现象引发了对全球海平面上升的严重担忧。研究表明,即使格陵兰冰盖仅部分融化,也可能导致全球海平面上升1m。更令人警惕的是,如果格陵兰冰盖完全融化,其所含的水量足以使全球海平面上升5~7m。

图2-5清晰地展示了海平面上升1m对北欧沿海地区可能产生的影响。灰色阴影区域直观地表现了可能受到影响的低洼沿海地带,这与IPCC报告中提到的到2100年海平面可能上升近1m的预测相符。

以北欧为例,图中显示海平面上升1m将对沿海地区产生显著影响。特别是在丹麦等低洼国家,如图中标注的哥本哈根,位于受影响的灰色区域内,面临严重的洪水威胁。此外,图中还标注了奥斯陆和斯德哥尔摩等北欧主要城市,虽然它们位于较高地势,但其沿海地区仍可能受到影响。

值得注意的是,图中的灰色区域不仅仅代表可能被淹没的区域,还包括可能受到海水入侵、地下水盐碱化等影响的沿海低洼地带。这意味着即使是不直接被淹没的区域,也可能面临严重的环境变化和经济损失。虽然图2-5主要聚焦于北欧地区,但它也暗示了全球其他沿海低洼地区可能面临的类似威胁。这种海平面上升将对全球沿海地区产生深远影响,许多沿海城市和重要的经济中心可能需要加强防洪措施或面临被迫搬迁的风险。

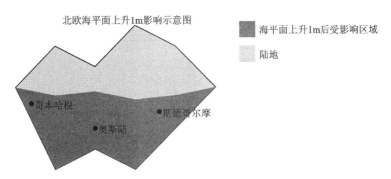

图 2-5　海平面上升 1m 对北欧的影响(灰色区域即将被淹没)

二、极端天气

在《联合国气候变化框架公约》第二十八次缔约方大会(COP28)上,世界气象组织发布的报告指出,2011—2020 年是有记录以来人类历史上最热的 10 年,天气变得越来越极端。

2023 年全球极端天气事件频发,反映了全球变暖带来的多方面影响和挑战。2023 年也被宣布为有记录以来最热的一年,几乎全球都经历了热浪。厄尔尼诺现象大大增加了破纪录高温的可能性,导致陆地和海洋出现更多极端高温事件。例如,美国亚利桑那州和加利福尼亚州遭遇持续高温;南美洲的亚马逊雨林遭遇百年罕见的干旱;欧洲南部和北非多地也出现了极端高温。

除了高温,干旱、野火等灾害也频繁发生。2023 年,加拿大的野火季持续超过 5 个月,累计过火面积超过 18 万 km^2;2023 年 8 月,美国夏威夷毛伊岛的野火导致至少 99 人死亡,成为美国百年来致死人数最多的野火;2023 年,希腊东北部的野火造成数十人死亡,成为当年欧盟境内最严重的火情。2021 年的河南水灾,导致河南全省共 150 个县(市、区),1663 个乡镇,1 453.16 万人受灾。在此次特大洪灾中共有 302 人遇难,50 人失踪,直接经济损失共计 1 142.69 亿元。几乎同时期,英国、德国西部以及荷兰、比利时和卢森堡遭遇严重洪灾。强降水从 2021 年 7 月 14 日开始,导致至少 242 人死亡,1 人失踪,经济损失超过 100 亿欧元。

三、生物多样性

通过对分布在全球 581 个地点的 538 个物种数据的研究,亚利桑那大学的研究人员发现这 538 个物种在 2070 年可能有 16%～30% 会因为气候变化而出现局部或全球灭绝的现象(RCP4.5 和 RCP8.5 情景下,对应的升温为 1.6℃ 和 2.6℃)[①]。该研究还发现,相比于年均气温的变化,年最高气温的升高对物种灭绝的影响明显更大。

本章习题

(1)定义气候变化,并解释其与自然气候变异的区别。

---

① 韦恩斯 J J,等,2020.气候变化对全球物种灭绝风险的影响[J].美国国家科学院院刊,117(8):4211-4217.

(2)简述《联合国气候变化框架公约》(UNFCCC)对气候变化及其不利影响的描述。

(3)解释温室效应的原理,并讨论其对地球生态系统的重要性。

(4)列举并描述主要的温室气体及其来源。

(5)为什么在计算人为温室气体排放时不考虑水蒸气?

(6)什么是全球增温潜势(GWP),它在温室气体比较中的作用是什么?

(7)讨论二氧化碳浓度与全球变暖之间的关系。

(8)分析IPCC第六次报告中关于二氧化碳累积排放量与全球温度上升关系的结论。

(9)解释为什么控制全球升温在1.5℃以内需要快速减排。

(10)讨论人类活动对大气中主要温室气体浓度增加的具体影响。

本章小结

本章深入探讨了气候变化的科学基础,系统地介绍了气候变化的定义、温室效应及主要温室气体,以及气候变化对自然环境和人类社会的具体影响。

首先,气候变化是指由于直接或间接的人类活动改变了地球大气的组成而造成的气候变化,这种变化超出了自然气候变异的范围。1992年,《联合国气候变化框架公约》(UNFCCC)明确指出,地球气候的变化及其不利影响是人类共同关心的问题。人类活动,尤其是工业革命以来的大规模化石燃料燃烧,显著增加了大气中温室气体的浓度,增强了自然温室效应,导致地球表面和大气进一步增温,对自然生态系统和人类社会产生了深远的负面影响。

其次,温室效应是地球表面保持适宜温度的重要自然现象。太阳辐射到达地球表面后,地表(包括陆地和海洋)向外进行长波辐射,这部分热辐射中有很多被大气中的温室气体吸收后又被辐射回地球,造成了地表的升温。如果没有自然的温室效应,地球表面的平均温度会是-18℃,而非现在的15℃。然而,人类活动显著加强了这一自然效应,引起进一步的全球变暖。

为了控制全球升温在1.5℃以内,根据IPCC的计算,剩余的温室气体排放额度仅为420Gt二氧化碳当量,按照目前的排放趋势,仅仅8年后就会超出;即使是按照控温2℃的情景计算,剩余的约1200Gt二氧化碳当量也要求从现在开始实现快速减排。

本章通过详细阐述气候变化的科学基础,使我们认识到人类活动对气候变化的重要影响。理解这些基础知识对于制定有效的减排政策和实现碳中和目标至关重要。只有通过全球共同努力,大幅减少温室气体排放,才能有效应对气候变化带来的严峻挑战。

第三章 碳中和政策体系与法律框架

第一节 碳中和的国际政策与法律框架

自20世纪90年代气候变化问题已成为全球环境和政治问题并开启了全球治理进程之后,国际社会已经逐步形成了一个以应对全球气候变化为目标的治理体系。这个体系的形成和发展是一个动态的、结晶式的多边进程,规则和形式仍在持续的变化中,大致分为3个阶段:京都时代(1990—2006年)、哥本哈根时代(2007—2014年)与巴黎时代(2015年至今)。

一、京都时代(1990—2006年)

1990年12月21日,第45届联合国大会通过了题为《为今世后代保护全球气候》的45/212号决议,决定设立一个单一的政府间谈判委员会,制定一项有效的气候变化框架公约,由此正式拉开了国际气候谈判和全球气候治理的序幕。1992年6月11日,《联合国气候变化框架公约》面向联合国各成员开放签署,至1994年3月正式生效,为国际社会合作应对气候变化奠定了坚实的法律基础,是全球气候治理的基石,标志着全球气候治理时代的正式到来。

1997年《联合国气候变化框架公约》第三次缔约方大会(COP3)会议在东京举行,会议最终通过的《京都议定书》是这一阶段的标志性成果,对限制温室气体排放、缓解全球气候变化产生了巨大的影响。一方面,它开创性地对工业化国家设置了具有法律约束力的减排目标,对联合国之下的公约体系做出了史无前例的完善。另一方面,《京都议定书》为21世纪全球应对气候变化威胁的机制框架做出了批准并搭建了平台。同时,还建立了"上限与交易"体系,通过建立一个温室气体减排市场(即碳排放市场)来降低履约成本。

二、哥本哈根时代(2007—2014年)

2007年,联合国气候大会在印度尼西亚巴厘岛举行,会议通过了"巴厘路线图"。这一路线图旨在为2009年哥本哈根会议之前完成新一轮全球应对气候变化的谈判奠定基础。2009年,哥本哈根气候大会召开,这次会议同时作为《联合国气候变化框架公约》第十五次缔约方大会和《京都议定书》第五次缔约方会议。这次大会被广泛认为是全球气候治理进程中的一个重要节点。

会议的主要目标是形成一项全面的、具有法律约束力的新气候条约,以作为未来全球气候治理的基础。这项新气候条约原计划在2012年12月底前正式取代《京都议定书》。

三、巴黎时代(2015年至今)

2015年《联合国气候变化框架公约》第二十一次缔约方大会(COP21)的最重要成果是《巴黎协定》的成功签署,被广泛认为是国际气候治理的重大突破。《巴黎协定》的成功预示着全球气候治理体系在其组织形式、参与程度、参与者及运作和产生效果的机制发生了更深层次转变,其重心从为各国制定和执行具有约束力的减排目标,转移到了建立一个灵活的"承诺和审查"制度上。这个制度结合了公共和个体行为者的自愿承诺,以及针对各缔约国的具有约束力的报告和透明度规则(表3-1)。

表3-1 以应对全球气候变化为目标的治理体系

时代	时间范围	关键事件及成就
京都时代	1990—2006年	1990年12月21日,设立政府间谈判委员会 1992年,《联合国气候变化框架公约》签署 1997年,《京都议定书》通过,设立法律约束力的减排目标
哥本哈根时代	2007—2014年	2007年,"巴厘路线图"通过 2009年,哥本哈根气候大会,预期形成具有法律约束力的气候条约
巴黎时代	2015年至今	2015年,《巴黎协定》签署,预示着全球气候治理体系的深层次转变,重心转移到"承诺和审查"制度上

第二节 我国碳中和政策与法律框架

中国在应对气候变化方面一直采取积极行动,其碳减排目标可以追溯到2009年。当时,中国政府承诺在2005—2020年将单位国内生产总值(GDP)的二氧化碳排放量降低40%~45%。随着国际合作的加强,中国在2015年签署《巴黎协定》时,提出了更为明确的碳减排目标。根据这一目标,中国计划到2030年实现单位GDP碳排放比2005年降低60%~65%。为了进一步推动全球气候治理,中国在2020年9月22日第75届联合国大会上正式提出了"双碳"目标,即到2030年实现碳达峰,到2060年实现碳中和。

我国以应对全球气候变化为目标的行动路径分为4个阶段(表3-2)。

表3-2 我国以应对全球气候变化为目标的行动路径

阶段	时间范围	主要特点	关键政策和成就
初始形成阶段	1980—1994年	以行政手段为主,重点关注节约能源	1980年《关于加强节约能源工作的报告》 1986年《节约能源管理暂行条例》 初步建成节能减排体系

续表 3-2

阶段	时间范围	主要特点	关键政策和成就
发展变革阶段	1995—2007 年	坚持节能优先，开始重视能源结构调整	1997 年《中华人民共和国节约能源法》 《1996—2010 年新能源和可再生能源发展纲要》 2004 年《能源中长期发展规划纲要（2004—2020 年）（草案）》
深化改革阶段	2007—2016 年	调整能源战略，倡导低碳减排	修订《节能法》 推进节能减排市场化 发布《中国应对气候变化国家方案》
逐渐成熟阶段	2016 年至今	全面完善碳减排政策体系	发布《能源生产和消费革命战略（2016—2030）》 2016 年《"十三五"控制温室气体排放工作方案》 2017 年《全国碳排放权交易市场建设方案（发电行业）》及《碳排放权交易管理暂行办法》 2020 年提出"30·60"目标

一、初始形成阶段（1980—1994 年）以行政手段为主，重点关注节约能源

20 世纪 80 年代起，能源问题就已成为国民经济发展中的突出矛盾，国家开始重视能源的节约和管理，并采取政策措施促进能源的合理开发和利用，同时关注环境污染的治理。初始形成阶段确定了节能的战略地位，我国从节能和环保两方面入手，初步建成节能减排体系，致力于加强节能技术改造和治理环境污染。

我国节能政策体系初步开端是 1980 年《关于加强节约能源工作的报告》的颁布，强调把能源的节约放在优先地位，加强能源管理，自此节能被作为专项工作纳入国家的宏观管理范畴。1986 年，国务院发布了《节约能源管理暂行条例》，对我国的节能工作做出了全方位的指引。国家出台的一系列有关节能的政策法规，对企业的节能水平制定了综合性的考核标准，并实施能源利用状况的监督，推进了节能管理法规体系的建设。

二、发展变革阶段（1995—2007 年）坚持节能优先，开始重视能源结构调整

随着能源短缺和用能紧张问题的加剧，节约能源更是极为重要的现实课题，大量使用传统化石能源带来的高耗能高排放问题，也催生了能源利用效率提升和结构调整的需要。发展变革阶段，节能减排成为基本国策，坚持节能优先，开始将能源作为经济发展的战略重点，重视能源结构的调整。

我国节能减排政策的发展变革阶段以 1995 年国务院颁布的《1996—2010 年新能源和可再生能源发展纲要》为开端，鼓励开发风能、太阳能和地热能等清洁能源，积极发展可再生能源事业，促进了能源结构的优化。我国政府于 1997 年通过了《中华人民共和国节约能源法》（以下简称《节能法》），明确节约能源是国家经济发展的一项长远战略方针，要求加强节能工

作,合理调整产业结构和能源消费结构,挖掘节能的市场效益。这是我国社会经济史上的里程碑,自此节能减排成为我国的基本国策,为节能提供了法律保障。2004年的《能源中长期发展规划纲要(2004—2020年)》是我国能源领域的第一个中长期规划,强调必须坚持把能源作为经济发展的战略重点,以能源的可持续发展和有效利用支持我国经济社会的可持续发展。

三、深化改革阶段(2007—2016年)调整能源战略,倡导低碳减排

全球气候变化形势严峻,过多的能源消耗、较高的碳排放使得发展低碳能源和低碳减排工作成为重要任务,同时对节能减排政策的科学性也提出了更高的要求。深化改革阶段加大节能体系的改革力度,开发利用可再生能源以进一步优化能源结构,鼓励利用低碳技术提高减排效率。

我国积极完善节能减排政策体系。修订《节能法》,完善节能制度,强化了节能法律责任,政府机构也被列入监管重点。此外升级节能减排目标,2014年政府工作报告中明确规定了当年能源消耗强度要降低3.9%以上,二氧化硫、化学需氧量排放量减少2%,进一步加大了节能减排工作的力度。同时,推进节能减排市场化机制,建立排污权交易平台,逐步规范化,促进节能减排工作有效进行。

我国政府鼓励低碳发展模式,积极发展低碳技术,开展低碳发展试验试点。发布《中国应对气候变化国家方案》和《"十二五"控制温室气体排放工作方案》,旨在严格控制温室气体排放并促进低碳技术的研发与应用。同时,通过实施低碳试点项目,探索适合本地区的低碳模式,研究制定支持试点的财税、金融、价格等方面的配套政策,加快构建低碳发展政策体系,有效推进国家低碳化进程。

四、逐渐成熟阶段(2016年至今)全面完善碳减排政策体系

随着气候变化成为全人类共同的议题,碳排放已成为世界各国关注的焦点。中国作为全球第二大经济体,也开始积极应对碳排放带来的挑战,逐步将低碳发展与节能减排、环境保护紧密结合。在这一背景下,中国国家发展和改革委员会(发改委)陆续出台了一系列重要政策文件。

2016年,国家发改委与国家能源局联合制定了《能源生产和消费革命战略(2016—2030)》。这份战略于2017年4月正式公布,提出了具体的能源结构调整和碳减排目标,旨在推动清洁能源和低碳经济发展。[①] 同年,国务院印发了《"十三五"控制温室气体排放工作方案》(简称《"十三五"控温方案》)。该方案强化了低碳发展战略目标和政策措施,为能源领域的相关发展规划提供了重要指导[②]。

---

① 国际环保组织(EDF).中国碳市场进展报告[R/OL].(2023-08-12)[2024-08-12]. https://www.edf.org/sites/default/files/documents/the_progress_of_china%27s_carbon_market_development_chinese_version.pdf.

② 中华人民共和国生态环境部.中华人民共和国气候变化第二次两年更新报告[R/OL].(2019-07)[2024-08-12]. https://www.mee.gov.cn/ywgz/ydqhbh/wsqtkz/201907/p020190701765971866571.pdf.

2017年12月,国家发改委发布了《全国碳排放权交易市场建设方案(发电行业)》,标志着全国统一碳市场建设的正式启动。这个方案提出了建设碳市场的具体措施,包括建立碳排放权交易制度、完善监测和核算体系等[①]。此外,《碳排放权交易管理暂行办法》的出台首次确立了全国碳市场的总体框架,显示了中国政府建立全国统一碳市场的决心,为碳市场的国家立法奠定了基础[②]。

这些政策文件共同构建了中国在能源结构调整、低碳发展和碳市场建设方面的政策框架。它们不仅提出了具体的目标和措施,还涵盖了推动清洁能源发展、控制温室气体排放、建立碳排放权交易制度等多个方面,以促进中国向低碳经济转型,实现其应对气候变化的承诺。

在2020年的联合国气候峰会上,我国出于大国责任担当、贯彻可持续发展理念和保护生态环境的需要,正式提出了"30·60"目标。相应地,我国的政策重点也开始将"减碳"提升到了新的战略高度,以"双轮驱动"的形式开展节能降碳工作。总的来看,碳达峰碳中和"1+N"政策体系已基本建立,各领域重点工作有序推进,碳达峰碳中和工作取得良好开局。

"1+N"政策体系是我国为实现"双碳"目标而制定的全面政策框架,该体系包括如下内容(图3-1)。

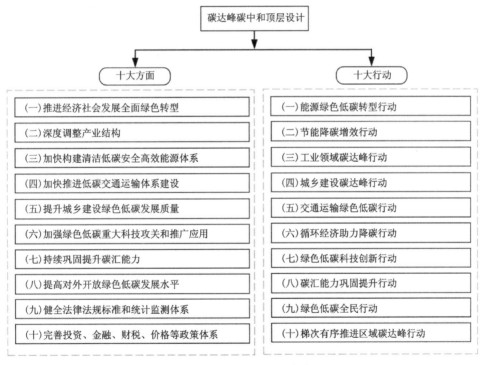

图3-1 "双碳"工作部署路线图

---

① 中国政府网.全国碳排放交易体系正式启动[EB/OL].(2017-12-20)[2024-08-12]. https://www.gov.cn/xinwen/2017-12/20/content_5248687.htm.
② 国际能源署(IEA).中国碳排放交易体系——设计高效的配额分配方案[R/OL].[2024-08-12]. https://iea.blob.core.windows.net/assets/d21bfabc-ac8a-4c41-bba7-e792cf29945c/china_emissions_trading_scheme-chinese.pdf.

1. 碳达峰碳中和"1+N"政策体系中的"1"

2021年10月24日,《中共中央 国务院关于完整准确全面贯彻新发展理念做好碳达峰碳中和工作的意见》发布,作为"1",在整个政策体系中发挥统领作用。该意见与2021年10月26日国务院发布的《2030年前碳达峰行动方案》共同构成了贯穿碳达峰、碳中和两个阶段的顶层设计。

这些顶层设计文件设定了到2025年、2030年、2060年的主要目标,并首次提出2060年非化石能源消费比重目标要达到80%以上。《中共中央 国务院关于完整准确全面贯彻新发展理念做好碳达峰碳中和工作的意见》提出10方面31项重点任务,明确了碳达峰碳中和工作的路线图和施工图,而《2030年前碳达峰行动方案》则确定了碳达峰10大行动。

2. 碳达峰碳中和"1+N"政策体系中的"N"

"N"包括能源、工业、交通运输、城乡建设等分领域分行业碳达峰实施方案,以及科技支撑、能源保障、碳汇能力、财政金融价格政策、标准计量体系、督察考核等保障方案。

在顶层设计出台后,中央和地方层面陆续出台了一系列"N"政策,包括以下内容。

重点领域实施方案:如能源、工业、城乡建设、交通运输、农业农村等领域的实施方案。

重点行业实施方案:如煤炭、石油天然气、钢铁、有色金属、石化化工、建材等行业的实施方案。

支撑保障方案:如科技支撑、财政支持、统计核算、人才培养等支持保障方案。

这一系列文件共同构建了目标明确、分工合理、措施有力、衔接有序的碳达峰碳中和政策体系,为我国实现"双碳"目标提供了全面的政策支持和指导。

第三节 碳中和的国际行动

一、国际碳减排发展

(一)国际碳排放市场合作机制

1. 碳排放权交易市场

碳排放权指大气或大气容量的使用权,即向大气中排放CO_2等温室气体的权利。碳排放市场指将碳排放权作为资产标的进行交易的市场,而碳排放权交易体系构建的好坏对碳排放市场能否有效反映碳排放权的价值有直接影响,对最终减排目标的实现效果有重要影响。碳交易市场是人为构建的政策性市场,环节多样、机制复杂,涉及经济、能源、环境、金融等社会经济发展的方方面面,涉及政府与市场、各级政府、各部门、各地区之间,以及公平与效率之间等诸多问题,是一项复杂的系统性工程。

根据市场是否具有(履约)强制性,可将碳排放市场分为强制性碳排放市场和自愿性碳排放市场;根据交易目的的不同,可将碳排放市场分为一级市场和二级市场。其中,强制性碳排放市场基于总量控制与交易原则下的碳排放权交易市场,具有强制属性,起源于《京都议定书》,参与主体主要为控排企业,交易产品主要指普通的碳配额(用于最后履约),该类型碳排放市场最为普遍。自愿性碳排放市场主要指基于项目的碳信用市场,部分碳信用市场按一定规则与强制性碳排放市场链接,参与主体主要为减排企业(主要作为卖方)、控排企业(主要作为买方),交易产品主要为碳减排量或碳信用,例如清洁发展机制(Clean Development Mechanism,CDM),中国核证自愿减排量(CCER),核证减排标准(Verified Carbon Standard,VCS)等。

一级市场主要针对强制性碳排放市场,对碳配额进行初始分配的市场体系,参与主体主要为控排企业、政府机构,交易产品主要为普通碳配额。政府对一级市场的价格和数量有较强的控制力,在配额初始分配机制中如何分配、分配多少都是政策性很强的问题,需要从配额分配方式(如何分配)和初始配额计算方法(分配多少)上进行明确。配额分配方式主要包括免费分配、拍卖分配和这两种方式的混合使用;初始配额计算方法则主要包括历史排放法、历史碳强度下降法、行业基准线法。二级市场指控排企业、减排企业、其他参与者开展碳配额、碳减排量现货交易的市场体系,控排企业在一级市场获得碳配额后获得对碳配额的支配权,减排企业通过减排量申请获得政府核证的减排量后获得对减排量的支配权。

2. 全球碳排放市场链接

全球碳排放市场链接指的是不同国家和地区的碳排放权交易市场之间建立的合作机制,允许各市场之间进行碳配额的交易,即在不同交易市场间通过各自独立的碳交易系统,交易相互认可的碳资产。这种链接的目的是促进更大范围内的减排,提高市场流动性,降低减排成本,并实现各国的国家自主贡献目标。链接可以是直接的(包括直接单向链接和直接双向链接),也可以是间接的(图 3-2)[①]。

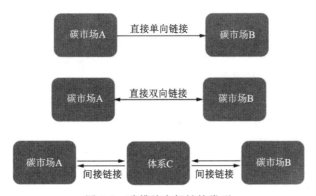

图 3-2 碳排放市场链接类型

在全球范围内,碳排放交易尚未形成统一大市场,但是区域内的碳排放市场链接和碳排

[①] 翁玉艳,张希良,何建坤,2020.全球碳排放市场链接对实现国家自主贡献减排目标的影响分析[J].全球能源互联网,3(1):27-33.

放配额互认也存在相关实践。目前比较具有代表性的碳排放市场链接机制是瑞士和欧盟之间的链接，以及美国加利福尼亚州和加拿大安大略省、魁北克省之间的链接。上述链接均是通过双边/多边链接的方式，使得不同交易体系内的实体均可以买卖或使用其他交易体系内的碳排放配额，通过相互承认的方式实现自身的减排目标。略有不同的是，欧盟和瑞士之间的链接机制属于两个政治实体之间签订的国际条约，具有较强的法律约束力。而北美的链接机制则属于几个司法管辖区之间的松散约定，不具有强制约束力，且受制于国家层面政策变动的影响。2016年，日本东京碳交易系统成功与琦玉市的碳交易系统进行双向链接，两者具有类似的体系设计特点。

在亚洲，韩国是东亚地区第一个启动全国统一碳交易市场的国家，启动后发展迅速，已成为目前世界第二大国家级碳排放市场，中国也启动了全国统一碳交易市场；在大洋洲，作为较早尝试碳交易市场的澳大利亚当前已基本退出碳交易舞台，仅剩新西兰碳排放权交易体系，在"放养"较长时间后已回归稳步发展。

不同碳交易市场在覆盖范围、碳交易规则及政策上均有所不同。从碳交易体系覆盖的行业来看，工业、电力和建筑是各碳交易市场重点纳入减排的行业，分别有约76.5%、76.5%和52.9%的碳交易体系对这些行业进行了覆盖。其中，新西兰的碳交易体系覆盖的行业范围最为广泛，包括工业、电力、建筑、交通、航空、废弃物和林业。从碳交易体系覆盖的温室气体排放比例来看，加拿大新斯科舍省碳交易体系、魁北克碳交易体系和加州碳交易体系虽然覆盖了当地较高比例的温室气体排放，但其实际覆盖的排放量相对较小。相比之下，从覆盖的温室气体排放量大小来看，中国碳市场、欧盟碳市场、中国碳市场试点和韩国碳市场覆盖的温室气体排放量较大，显示出这些市场在全球减排努力中的重要作用。

碳排放市场链接机制在实践中面临着较大的挑战。如果不同的碳排放市场所在国面临不同的减排成本，则成本效益的不同可能导致双方的分歧。政治和国际关系也对碳排放市场的链接存在着一定的影响，一些国家可能并不愿意本国的碳资产外流，或者购买别国的碳资产。除此之外，碳排放市场的链接需要司法管辖及监管措施的高度协调，这也可能导致所在国政府对监管权丧失产生担忧，并导致较为冗长的谈判过程。世界银行出具的一份碳排放市场链接指引中指出，碳排放市场链接的影响因素主要有市场完整性、环境完整性、透明度、参与意向、包容度和成本效益这几点[①]。

尽管我国尚未正式与域外国家或地区达成正式的碳排放交易链接协议，但世界范围内各国与中国的碳排放权市场建立合作关系的意向较高，中国市场的吸引力主要在于巨大的市场体量。随着海南国际碳排放权交易中心的成立和首单跨境碳交易的成功落地，以海南自贸岛为依托，我国将建立并完善面向国际的碳排放权交易市场。碳排放权的跨国交易尚没有形成统一的国际体系，世界各地的碳排放权交易市场较为分散，不同国家之间的碳排放权交易市场链接机制也并不完善，这也导致中国企业出海参与跨国碳排放权交易存在一定阻碍。但是未来加强碳排放市场的国家间合作将成为趋势，碳排放市场的跨区、跨境链接将有着广阔的

---

① 海外新能源系列（十五）——碳排放权交易市场"连接（Linkage）"机制研究[EB/OL].[2024-08-12]. https://www.lexology.com/library/detail.aspx? g=fa9dd89a-b433-40ef-a5cc-1ae61785912b.

发展前景。作为负责任的大国和发展中国家的代表,相信中国将在碳排放市场链接机制的"新生"中扮演更为重要的角色,促使跨境碳排放权交易及碳排放市场链接机制在"双碳"目标的实现进程中发挥更大的作用。

(二)碳交易市场体系

据 ICAP(International Carbon Action Partnership,国际碳行动伙伴组织)报告,自《京都议定书》生效后,碳交易体系发展迅速,各国及地区开始纷纷建立区域内的碳交易体系以实现碳减排承诺的目标,在 2005—2015 年间,遍布全球的 17 个碳交易体系已建成。当前,约有 38 个国家级司法管辖区和 24 个州、地区或城市正在运行碳交易市场,呈现多层次的特点,碳交易已成为碳减排的核心政策工具之一。当前全球范围内 24 个正在运行的碳交易体系已覆盖了 16% 的温室气体排放,还有 8 个碳交易体系即将开始运营。

国际主要碳排放交易体系在全球范围内推动了温室气体减排和碳定价机制的发展,很多国家和组织都在致力于发展碳交易市场。

1. 欧盟碳排放交易体系

欧盟碳交易市场(EUETS)于 2005 年 1 月正式启动,是世界上迄今为止较为完善,影响最为广泛且流通性较好的碳交易体系之一,包括欧洲气候交易所、北欧路德普尔电力交易所、法国布鲁奈斯特环境交易所、欧洲能源交易所、法国未来电力交易所等交易所。在此体系中,覆盖了各成员国的能源、化工、电力、钢铁、水泥等行业,这些企业排放的二氧化碳总量占欧盟排放总量的一半。参与欧盟交易市场的受管制排放实体需履行减排义务,按照政府每年发放的一定量配额,若某企业在本年度的实际排碳量大于配额,则该企业有权在碳交易市场购买额度;若实际排碳量小于配额,则该企业需向其他的企业或政府出售手中额度。总而言之,企业需通过技术的改造升级或者与其他企业进行交易来达到减排的要求。

EUETS 由总量控制体系,监控、报告、验证(MRV)体系,强制履约体系,减排项目抵消机制和统一登记簿五大部分组成。它作为世界上最大、最成熟的碳排放权交易市场之一,自成立以来取得了诸多的建设成果。一是减排效果显著,由于 EUETS 的发展,欧盟的二氧化碳排放量和温室气体排放量均显著减少;二是拥有一套严密的监管体系;三是为全球碳排放市场发展提供了模板和经验。欧盟碳排放交易体系作为先行者,为世界各国碳排放权交易体系的构建、运作制度及机构等方面都提供了参考,推动了全球低碳经济的发展。

2. 美国碳排放交易体系(USAETS)

美国方面,芝加哥气候交易所(Chicago Climate Exchange,CCX)是首个由企业发起、自愿参与温室气体减排交易的机构和平台,并对温室气体减排量承担一定的法律约束力,是全球第二大碳汇交易市场,能同时开展 6 种温室气体(二氧化碳、甲烷、氧化亚氮、氢氟碳化物、全氟化物、六氟化硫)减排交易。芝加哥气候交易所交易机制具有以下特征。

(1)参与成员的自愿性。它是全球第一个开展自愿性温室气体排放权交易的市场平台,会员也以自愿的方式加入。

(2)会员参与的普遍性。目前芝加哥交易所拥有的会员超过 500 名,会员分为基本会员、协作会员和参与会员 3 种类型。

(3)交易产品的多样性。有现货和期货产品,主要产品有温室气体排放配额、经过核证的排放抵消额度、经过核证的先期行动减排信用。

(4)具有独立和公开的核证核查体系,市场价格公开透明。其核证核查体系是具有国际标准化的第三方核证核查体系。

(5)便捷的交易形式。完全电子化的交易系统。某些已达标会员可以卖出超标减排量并获得额外利润,而未完成减排目标的会员可以通过农业碳汇等手段去弥补。

3. 日本自愿排放交易体系(JVETS)

2005 年 5 月,日本环境省发起了日本自愿排放交易体系(Japan Voluntary Emission Trading Scheme,JVETS),该体系的运行为后来日本排放权交易体系的建立奠定了经验基础。2008 年 10 月,日本国内排放交易综合试行市场正式启动。该市场可交易的碳信用额度由 4 部分组成:《京都议定书》机制的碳信用额度;日本国内清洁发展机制的碳信用额度,这是由不在日本经济团体联合会自愿环境行动计划内的中小企业项目所产生的减排额度;经第三方核证的,超过公司自愿承诺减排目标的额外减排信用额度;由环境省执行的日本自愿排放交易体系(JVETS)产生的碳信用额度。

2010 年 4 月,东京都限额交易体系正式启动,这是亚洲第一个强制性限额交易体系,也是全球首个针对商业和工业部门设定强制减排目标的城市级限额交易体系。

4. 中国碳交易体系

我国碳排放市场建设起步较晚,2011 年开始在北京、天津、上海、重庆、湖北、广东和深圳 7 个省市开展碳交易试点建设。目前中国试点碳排放市场已经成长为全球配额成交量第二大碳排放市场,截至 2020 年 8 月,试点省市碳排放市场共覆盖钢铁、电力、水泥等 20 多个行业,接近 3000 家企业,累计成交量超过 4 亿t,累计成交额超过 90 亿元,有效推动了试点省市应对气候变化和控制温室气体排放工作。

目前,我国已获正式备案的国家温室气体自愿减排交易机构(碳交易所)达到 9 家,包括北京环境交易所、天津排放权交易所、上海环境能源交易所、广州碳排放权交易所、深圳排放权交易所、重庆联合产权交易所、湖北碳排放权交易中心、四川联合环境交易所、福建海峡股权交易中心。9 家碳交易机构结合地区实际,在市场体系构建、配额分配和管理、碳排放测量、报告与核查等方面进行了深入探索。

此外,我国温室气体自愿减排交易机制(CCER)已申请成为国际民航组织认定的 6 种合格的碳减排机制之一。下一步,我国将推动温室气体自愿减排交易机制发展成为全国碳排放市场的抵消机制。

1)我国碳排放市场的运行机制

我国碳排放市场运行机制主要有碳排放数据监测、报告、核查(Monitoring, Reporting, and Verification, MRV)机制,碳配额管理机制,碳抵消机制这 3 个部分。

(1)碳排放数据监测、报告、核查(MRV)机制。MRV 机制是碳排放市场建设的重要组成部分,旨在确保碳排放数据的准确性和可靠性,为碳排放市场的运作提供基础保障。纳入市场的重点排放单位需每年核算并报告上一年度碳排放相关数据,接受政府组织开展的数据核查,核查结果作为重点排放单位配额分配和清缴的依据。

(2)碳配额管理机制。生态环境部综合考虑国家温室气体排放控制目标、经济增长、产业结构调整、大气污染物排放控制等因素,制定并公布重点排放单位排放配额分配方法。排放配额分配初期以免费分配为主,适时引入有偿分配,并逐步提高有偿分配的比例。

(3)碳抵消机制。碳抵消机制主要是指正在执行或者已经批准的减排活动项目,经过核查后产生的减排量在碳交易市场进行交易,从而用来抵消排放量。除配额外,重点排放单位可以使用国家核证自愿减排量(CCER),或生态环境部另行公布的其他减排指标进行抵消,在强制碳减排市场抵消其不超过5%的经核查排放量。1单位CCER可抵消1t二氧化碳当量的排放量。

2)我国碳排放市场的交易机制

生态环境部负责建立和管理全国碳排放权交易系统,交易系统管理机构受生态环境部委托负责组织开展全国碳排放权集中统一交易及监管。全国碳排放权交易主体包括重点排放单位,以及符合国家有关交易规则的机构和个人,交易产品为碳排放配额,生态环境部可以根据国家有关规定适时增加其他交易产品。

碳排放权交易应当通过全国碳排放权交易系统进行,可以采取协议转让、单向竞价或者其他符合规定的方式。交易系统管理机构可以对不同交易方式设置不同交易时段,具体交易时段的设置和调整由交易机构公布后报生态环境部备案。交易主体参与全国碳排放权交易,应当在交易机构开立实名交易账户,取得交易编码,并在注册登记机构和结算银行分别开立登记账户和资金账户。

本章习题

(1)论述京都时代、哥本哈根时代和巴黎时代在国际气候治理中的主要政策变化及其影响。

(2)分析《联合国气候变化框架公约》的签署对全球气候治理体系建立的重要性。

(3)探讨中国在碳中和目标实现过程中面临的主要挑战及应对策略。

(4)比较强制性碳排放市场和自愿性碳排放市场的异同,并举例说明其实际应用。

(5)解释碳排放权交易市场的基本原理及其在全球范围内的应用现状。

(6)评估《巴黎协定》给全球气候治理机制带来的深层次转变。

(7)讨论中国在国际气候谈判中的角色及其对全球气候治理的贡献。

(8)分析"承诺和审查"制度在《巴黎协定》中的作用及其实施效果。

(9)探讨主要国家和地区碳交易体系的发展现状及其未来趋势。

(10)评估国际碳排放市场链接机制对全球碳减排目标实现的潜在影响。

本章小结

本章深入探讨了碳中和政策体系与法律框架的国际和国内发展历程,重点分析了全球和中国在应对气候变化方面的政策演变和法律建设。

首先,从国际角度看,碳中和政策体系的形成经历了 3 个重要阶段:京都时代(1990—2006 年)、哥本哈根时代(2007—2014 年)和巴黎时代(2015 年至今)。在京都时代,1990 年 12 月 21 日,第 45 届联合国大会通过了《为今世后代保护全球气候》的 45/212 号决议,设立了一个单一的政府间谈判委员会,正式开启了国际气候谈判和全球气候治理的进程。1992 年,《联合国气候变化框架公约》签署,并于 1994 年正式生效,为国际社会合作应对气候变化奠定了坚实的法律基础。1997 年,《京都议定书》在东京通过,开创性地对工业化国家设置了具有法律约束力的减排目标,并建立了"上限与交易"体系,通过碳排放市场降低履约成本。

其次,从中国的角度来看,中国在应对气候变化方面采取了积极行动,其碳减排目标可以追溯到 2009 年。当时,中国政府承诺在 2005—2020 年间将单位国内生产总值(GDP)的二氧化碳排放量降低 40%~45%。随着国际合作的加强,中国在 2015 年签署《巴黎协定》时,提出了更为明确的碳减排目标,即到 2030 年实现单位 GDP 碳排放比 2005 年降低 60%~65%。2020 年 9 月,中国进一步宣布力争在 2030 年前达到碳排放峰值,并努力争取在 2060 年前实现碳中和。这一目标展示了中国在全球气候治理中的责任和担当。

此外,本章还探讨了国际碳减排行动中的碳排放市场合作机制。碳排放权交易市场作为一种市场化手段,通过设定排放上限并允许企业之间进行排放配额交易,从而以较低成本实现减排目标。主要国家和地区如欧盟、美国加州、中国部分地区已建立了各自的碳交易体系,并逐步探索这些体系之间的链接机制,以推动全球碳排放市场的发展。

本章通过对国际和国内碳中和政策与法律框架的发展历程进行系统梳理,展示了全球气候治理体系的演变过程及其对未来发展的启示。通过这些政策和法律框架,各国在应对气候变化、实现碳中和目标方面不断探索和前进,为全球可持续发展贡献力量。

主体角色与实施机制

第四章 政府在碳减排中的角色

第一节 国家与地方政府的角色与实施机制

一、中央政府的"双碳"使命

(一)中央政府的角色与职责

"双碳"目标的宣告展现了中国基于大国决策思维处理环境治理的两重逻辑。

一是把握国际站位。既要兼顾基本的人民生活保障,又要谨慎处理经济发展带来的碳排放,中国要坚持好发展主方向,妥善、高效完成"双碳"目标。中央政府始终秉持着构建人类命运共同体理念,始终操持着公开透明、认真负责的行为态度,始终把坚持维护世界各国人民的共同利益与生命安全放在首位。一方面,我国坚持通过完善本国生态治理体系来推进生态保护、污染防治和绿色现代化等工程的实施,从而改善我国的生态环境、助力全球绿色发展,提升中国在全球生态治理中的身份地位;另一方面,我国需要发扬大国责任精神,与多方深入开展生态领域合作,坚持共商共享共建的治理原则,以协商的方式寻找绿色合作共识,并有效推动国际生态关系的民主化,这使我国成为全球生态治理中的创新者和引领者。

二是具备广阔视野。在全球环境治理的大背景下,中国所提出的"双碳"战略不但顺应了自身的发展逻辑,更是考虑到了广大的发展中国家实际现状,向他们提供了不同于西方的新榜样。同时,我国也展现出以"双碳"目标为代表的"中国思想"与"中国担当"是如何进一步推动中国话语结构下的全球治理思想和合作理念的。国际交流只有互相尊重多边主义的对话维度,才能共同打造符合全人类的和平、发展、公平、正义、民主、自由的价值体系。习近平总书记表示,中国作为一个大国"促进共同发展的决心不会改变"。世界各国协同发展、齐心协力,才是能解决当前全球性危机与问题的关键法宝,才是世界各国家人民的共同追求。

(二)中央政府的行动部署

1. 国家层面

国家发布的《关于完整准确全面贯彻新发展理念做好碳达峰碳中和工作的意见》和《2030年前碳达峰行动方案》明确了"双碳"工作的时间表、路线图、施工图。我国将"双碳"贯穿于经济社会发展全过程和各方面,提出碳达峰碳中和主要目标(表4-1),明确重点实施能源绿色低碳转型行动、节能降碳增效行动、工业领域碳达峰行动、城乡建设碳达峰行动、交通运输绿色低碳行动、循环经济助力降碳行动、绿色低碳科技创新行动、碳汇能力巩固提升行动、绿色低碳全民行动、各地区梯次有序碳达峰行动等的"碳达峰十大行动"。

表 4-1　中国碳达峰碳中和主要目标

主要目标	2025 年	2030 年	2060 年
单位国内生产总值能耗比 2020 年下降/%	13.50	大幅下降	—
单位国内生产总值二氧化碳排放比 2005 年下降/%	18	65 以上	—
非化石能源消费比重/%	20 左右	25 左右	80 以上
森林覆盖率/%	24.10	25 左右	—
森林蓄积量/亿 m³	180	190	—
其他	风电、太阳能发电总装机容量达到 12 亿 kW 以上；二氧化碳排放量达到峰值并实现稳中有降	碳中和目标顺利实现	—

注：摘自《关于完整准确全面贯彻新发展理念做好碳达峰碳中和工作的意见》《2030 年前碳达峰行动方案》。

2. 部委层面

部委层面出台"双碳"重点领域、重点行业实施方案及相关支撑保障方案（表 4-2），对应"双碳""1＋N"政策体系中的"N"。其中，重点领域包括能源、工业、交通运输、城乡建设、农业农村、减污降碳等；重点行业包括煤炭、石油、天然气、钢铁、有色金属、石化化工、建材等；支撑保障涉及法律法规、财政税收、金融支持、市场体制、科技创新、统计核算等。

表 4-2　我国主要"双碳"政策性文件

序号	发布时间	文件名称
1	2021 年 2 月 22 日	国务院关于加快建立健全绿色低碳循环发展经济体系的指导意见
2	2022 年 1 月 18 日	促进绿色消费实施方案
3	2022 年 1 月 30 日	关于完善能源绿色低碳转型体制机制和政策措施的意见
4	2022 年 4 月 19 日	加强碳达峰碳中和高等教育人才培养体系建设工作方案
5	2022 年 4 月 22 日	关于加快建立统一规范的碳排放统计核算体系实施方案
6	2022 年 5 月 25 日	财政支持做好碳达峰碳中和工作的意见
7	2022 年 5 月 31 日	支持绿色发展税费优惠政策指引
8	2022 年 6 月 1 日	银行业保险业绿色金融指引
9	2022 年 6 月 10 日	减污降碳协同增效实施方案

续表 4-2

序号	发布时间	文件名称
10	2022年6月24日	交通运输部 国家铁路局 中国民用航空局 国家邮政局贯彻落实《中共中央 国务院关于完整准确全面贯彻新发展理念做好碳达峰碳中和工作的意见》的实施意见
11	2022年6月24日	科技支撑碳达峰碳中和实施方案（2022—2030年）
12	2022年6月30日	农业农村减排固碳实施方案
13	2022年7月7日	工业领域碳达峰实施方案
14	2022年7月13日	城乡建设领域碳达峰实施方案
15	2022年9月20日	能源碳达峰碳中和标准化提升行动计划
16	2022年10月18日	建立健全碳达峰碳中和标准计量体系实施方案
17	2022年11月2日	建材行业碳达峰实施方案
18	2022年11月10日	有色金属行业碳达峰实施方案
19	2023年4月1日	碳达峰碳中和标准体系建设指南
20	2023年4月22日	生态系统碳汇能力巩固提升实施方案
21	2023年10月19日	温室气体自愿减排交易管理办法（试行）

3. 重点领域

"双碳"目标提出后，国家发改委、生态环境部、自然资源部、国家能源局、工业和信息化部、住房和城乡建设部、农业农村部、交通运输部等多个部委，针对能源、工业、交通运输、城乡建设、农业农村、循环经济、生态碳汇、减污降碳、全民行动等重点领域，提出了碳达峰重点任务和措施（表4-3）。同时，强化务实行动，有力有序有效推进各项重点工作。

表 4-3 中国重点领域"双碳"任务和措施

序号	重点领域	重点任务和措施
1	能源	大力发展非化石能源，清洁高效利用化石能源，构建新能源占比逐渐提高的新型电力系统，推动氢能产业和储能技术，完善能源绿色低碳转型体制机制，提升标准化水平
2	工业	优化调整产业结构，通过节能和循环促进能效提升，加强完善绿色制造体系
3	交通运输	优化交通运输结构，推广节能低碳型交通工具，建设绿色交通基础设施
4	城乡建设	发展绿色低碳城市、县城和乡村，推动绿色低碳建筑、建筑节能
5	农业农村	推动农村能源转型，推广清洁能源，优化农业产业结构，研发和应用低碳技术
6	循环经济	促进废旧物资循环利用，推动行业废弃物循环利用和资源化利用，发展农业循环经济，治理塑料污染和减少过度包装等

4. 重点行业

中国坚持分业施策、持续推进，降低碳排放强度，控制碳排放量。提出开展重点行业碳达峰行动，制定钢铁、建材、石化化工、有色金属等行业碳达峰实施方案或指导意见，明确了碳达峰路径（表4-4）。此外，还推动制定消费品、装备制造、电子等行业的低碳发展路线图。

表4-4　中国重点行业"双碳"任务和措施

序号	重点行业	重点任务和措施
1	钢铁	深化供给侧结构性改革、持续优化工艺流程结构、创新发展绿色低碳技术、共建绿色低碳产业链
2	建材	强化总量控制、推动原料替代、转换用能结构、加快技术创新
3	石化化工	提高低碳原料比重、合理控制煤制油气产能规模、开发可再生能源制取高值化学品技术、推广应用绿色低碳技术装备
4	有色金属	优化冶炼产能规模、调整优化产业结构、强化技术节能降碳、推进清洁能源替代、建设绿色制造体系

二、地方政府的减碳职责

（一）地方政府的角色和职责

在应对气候变化的问题上，中央政府和地方政府各自扮演着重要但不同的角色。中央政府主要负责制定国家层面的气候变化政策和战略，设定全国性的碳减排目标，协调跨区域和国际合作，并提供政策指导和资金支持。而地方政府则在具体实施方面发挥着关键作用。凭借对本地区的深入了解和专业知识，地方政府可以因地制宜，将国家层面的碳减排目标转化为可执行的具体计划，并在能源、交通、建筑等领域实施减排措施。同时，地方政府还可以探索适合本地的低碳发展模式，为其他地区提供经验，并动员当地居民和企业参与减排行动。为增强其在应对气候变化中的作用，地方政府可以加强与其他地方政府的横向合作，积极参与国际城市网络，并与中央政府保持良好沟通。认识到地方政府在碳减排中的重要性，中央政府应当为其提供必要的政策支持、资金保障和技术指导，而地方政府也应主动作为，充分发挥自身优势，推动本地区的低碳转型和可持续发展，共同为实现国家碳中和目标贡献力量。

地方政府在确保碳减排目标实现的过程中，起着不可或缺的作用。它们通过实施清洁能源政策、优化交通系统、推广绿色建筑等措施，有效减少了温室气体排放，保护了自然环境，并推动了能源产业的转型。此外，地方政府还通过鼓励技术创新和就业，提高居民的生活质量，增强社区的韧性，为经济和社会的可持续发展做出了贡献。然而，地方政府在实现这些目标的过程中面临资金、技术、利益冲突和社会认知等挑战。为了克服这些障碍，地方政府需要与中央政府、国际组织和私营部门合作，获取必要的支持，并制定激励机制以平衡各方利益。同时，提高公众对碳减排重要性的认识，激发居民的参与热情也是地方政府的重要责任。国际协作和合作对于地方政府来说同样至关重要,通过跨区域合作、参与国际组织和在国际舞台上发声,地方政府可以共享经验,提高影响力,共同推动全球碳减排的进程。地方政府需要不断努力克服障碍,以实现环境可持续和经济社会繁荣的双重目标。

(二)地方政府的碳减排措施

1. 温室气体排放目标的设定

第一,地方政府应根据地方的特点和现状来设定具体的温室气体排放目标,例如,地区的经济结构、能源消耗情况和环境容量等。设定目标时,地方政府应考虑到碳中和的时间表,即将温室气体排放减少到零的目标,并设定相应的短期和长期目标。第二,设定目标的过程应该是透明和参与式的,与利益相关方进行广泛的合作和磋商,包括企业、社区组织、学术界等。第三,地方政府还应该制定有效的监测和评估机制,以确保目标的实施和达成。

2. 制定和执行相关政策和法规

第一,地方政府可以制定鼓励节能减排和使用清洁能源的政策和法规,这些政策和法规可以涵盖能源、交通、工业、建筑等各个领域,如制定能源效率标准、推广节能灯具和智能电网等。第二,地方政府还可以制定控制排放的规定,如限制工业排放、推行车辆排放标准和建筑节能标准等。第三,地方政府应加强监管和执法力度,确保政策和法规的有效执行,鼓励企业和个人遵守相关规定,并对违规行为进行处罚。

3. 促进清洁能源和可再生能源发展

地方政府可以制定具体的政策和措施,鼓励清洁能源和可再生能源的投资和利用,如提供优惠税收政策、推行补贴机制和建立项目融资平台等。此外,地方政府还可以与企业和研究机构合作,推动清洁能源技术的研发和应用。

4. 扶持低碳经济和创新

低碳经济是指通过减少能源消耗和减少碳排放来实现可持续发展的经济模式。地方政府可以通过政策和资金支持,鼓励企业采用低碳技术和生产方式,推广低碳产品和服务,促进绿色产业的发展。此外,地方政府还可以支持创新,通过资助研究项目、设立科技创新基金等方式,鼓励在低碳领域进行研发和创新,促进碳减排的技术进步。

总之,地方政府在碳减排方面具有重要的角色和责任。他们可以设定具体的温室气体排放目标,制定与执行相关政策和法规,促进清洁能源和可再生能源的发展,扶持低碳经济和创新。地方政府的积极行动对于实现碳中和目标、减缓气候变化的影响和推动可持续发展具有重要意义。因此,地方政府需要加强合作,与各利益相关方共同努力,共同应对气候变化的挑战。

第二节 政府的政策工具与创新

一、碳定价机制

碳定价机制是一种通过为温室气体排放设定成本,以激励减少碳排放的政策工具。它基于"污染者付费"的原则,旨在将碳排放的环境成本内化到生产和消费的决策过程中。碳定价机制主要通过碳税和碳交易市场两种机制来实现。而碳定价对气候变化的影响力取决于该国对碳价格的接受度、碳价格的水平,以及可用的减排机会。从长远来看,创造一个可信且更可预测的价格信号将支持长期投资并鼓励低碳发展。

（一）碳税与碳排放市场

1. 碳税(carbon tax)

碳税直接对碳排放量征税,为每吨二氧化碳排放或等效的其他温室气体排放设置一个明确的价格。这种方式简单直接,使得企业和消费者面对明确的碳成本,从而有动力采取措施减少排放以降低税负。碳税收入可以被政府用于减税、投资于清洁能源技术、帮助受影响的低收入群体或用于其他政府支出。

2. 碳交易市场(cap and trade)

碳交易市场,也称为碳排放交易系统(ETS),通过设定一个总的碳排放上限(cap)并发行相应数量的排放权,允许这些排放权在市场上自由交易。企业需要购买足够的排放权来覆盖其碳排放量。如果企业减少了排放,它们可以出售多余的排放权给市场上需要额外排放权的其他企业。这种机制通过市场供需来确定碳价格,鼓励企业寻找最经济有效的减排方法。

碳税和碳交易市场都是减少温室气体排放的政策工具,但它们在实施方式、政策目标、政策效果、政策稳定性等方面存在不同,政府可以根据具体情况选择适合的政策工具来应对气候变化和减少温室气体排放(图 4-1)。

（二）碳定价必要性

建设全国碳排放权交易市场,是利用市场机制控制和减少温室气体排放、推动绿色低碳发展的一项重大制度创新,是实现碳达峰、碳中和的重要政策工具。而碳排放权交易市场中的碳价是将外部环境污染成本内部化的一种治理方式,合理有效的价格对碳排放市场的平稳运行至关重要。

碳定价机制在企业参与碳排放市场交易中的影响主要体现在两个方面:一是通过市场手段调配资源,高碳企业可在市场上购买碳排放配额以满足其生产需求;二是促使企业改变生产方式,通过低碳技术创新(如 CCUS)主动减少排放。这两种方式均会增加企业的"绿色成本"或"绿色溢价"。绿色溢价指高碳生产企业技术改造综合成本减去购买碳配额成本的余额。

第四章 政府在碳减排中的角色

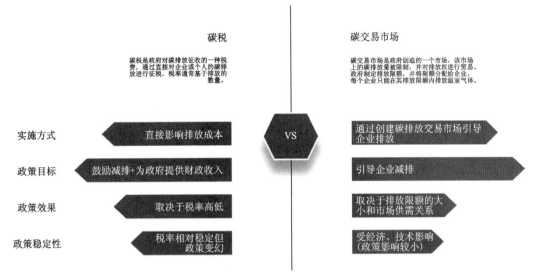

图 4-1 碳税与碳交易市场的不同

当碳价较低时,绿色溢价为正,高碳企业更倾向于购买排放配额,而非进行低碳技术创新;当碳价较高时,绿色溢价为负,企业被迫进行技术创新以减少排放,甚至可通过碳减排认证体系获取额外收益。碳价通过价格信号引导经济主体降低温室气体排放,优化资源配置,降低全社会减排成本,推动绿色低碳产业投资和经济绿色转型。

从应对气候变化的角度看,碳定价有助于将温室气体排放的外部成本内部化,促使排放者承担相应责任,并释放经济信号,使污染者自行决定是否减排、缩小污染活动规模或继续排污并支付相应代价,从而以最灵活且最低社会成本实现环保目标,同时刺激技术和市场创新,推动经济增长。

此外,碳价明确了市场边界。一旦确定了碳交易市场的排放配额总量并分配至各企业,排放主体之间的交易范围和规制也随之明确,从而形成有效的市场预期。基于市场交易的碳定价机制能有效识别不同企业的排放和生产效率,通过价格和成本传递,形成优胜劣汰机制,促使高碳产品、技术和企业面临更大竞争压力,最终推动资源向高效产业、地区和企业转移。

最后,碳定价有助于经济增长的协同效应。合理的碳价能驱动经济和产业结构优化,提高高碳产业成本,降低绿色低碳循环产业的相对成本。因此,合理设定碳价不仅体现了实现碳达峰、碳中和目标的决心,还为减排企业提供了有效的价格激励机制。企业顺应绿色低碳转型趋势,将在发展中占据有利先机(图 4-2)。

(三)绿色溢价的引入

绿色溢价概念(图 4-3)最初是由比尔·盖茨(2021)正式提出的,它是一个更具有操作性的分析工具,是指使用零排放的燃料(或技术)的成本会比使用现在的化石能源(或技术)的成本高出多少[①]。从本质上来讲,绿色溢价是一种平价碳成本——需要为碳排放付出的额外成

---

① 比尔·盖茨,2021.气候经济与人类未来——比尔·盖茨给世界的解决方案[M].北京:中信出版集团.

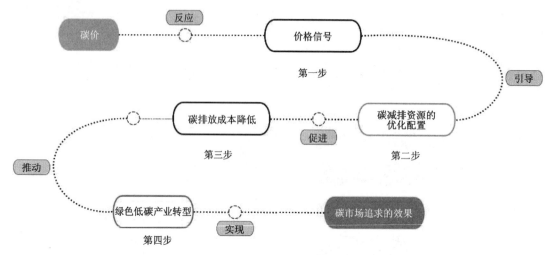

图 4-2　碳定价作用机制图

本。由于该产品或服务在环保、可持续性等方面具有显著的优势,使得消费者愿意为之支付额外的费用。绿色溢价的产生,反映了消费者对环保和可持续性的重视程度,也表明了市场对环保型产品的需求。而从企业角度出发,绿色溢价也可以视为一种市场机会和战略选择。通过开发环保型产品或服务,企业可以在市场上实现差异化竞争,并从中获得更高的利润和品牌价值。此外,环保型产品和服务还可以提高企业的形象和声誉,吸引更多消费者和投资者的青睐,从而为企业的可持续发展打下坚实的基础。

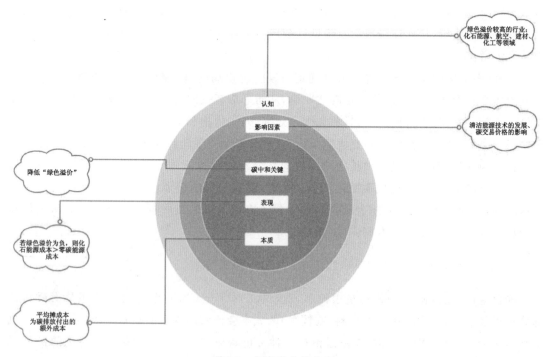

图 4-3　绿色溢价概念图

绿色溢价在不同行业和不同技术领域均有不同,化石能源、航空、建材、化工等领域绿色溢价较高,并且其会随着技术和政策的改变而改变。若绿色溢价为负,则化石能源的成本相对较高,经济主体基于趋利性会向清洁能源转型,在此过程中碳排放降低,反之亦然。从某种程度上来说,碳中和的关键在于想方设法降低绿色溢价。

二、碳排放市场体系重要工具

碳排放权交易就是借助市场力量将二氧化碳的排放权利转化为一种有偿使用的生产要素,并作为商品在市场上交易的行为。我国碳交易市场分为现货市场和期货市场,其中现货市场包括强制减排市场(碳排放权市场)和自愿减排市场(CCER 市场)。

(一)碳排放配额(carbon emission allowances,CEA)

碳排放配额是政府或组织向企业发放的、允许在一定期间内排放一定数量二氧化碳等温室气体的证书,每个证书代表一定数量的碳排放权。配额分配方式主要包括免费分配、有偿分配和这两种方式的混合使用。根据《碳排放权交易管理暂行办法》,在国家发改委确定的国家及各省、自治区和直辖市的排放配额总量的基础上,省级发改委免费或有偿分配给排放单位一定时期内的碳排放额度,即为碳排放配额,也就是该单位在一定时期内可以"合法"排放温室气体的总量,1 单位配额相当于 1t 二氧化碳当量。碳排放量由省级发改委自行监测、报告,以及第三方核查,来确定该企业的实际碳排放量,排放单位根据其经核查认定的碳排放量履行配额清缴义务。如果经确认的实际排放量超过配额的部分,排放单位需要向有剩余额度的企业购买,而多余部分可以出售,也可以在后续年度使用。按照各试点地区的相关规定(图 4-4),如果排放单位未能按时完成配额清缴义务,省级发改委将施予罚款等行政处罚、通报公布违法行为或取消该单位的政策支持待遇等。

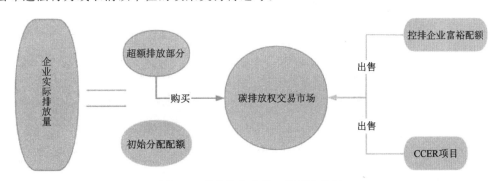

图 4-4 碳排放权交易市场运作机制

全国及各地区被纳入管控的企业在履约周期内应根据自身实际排放量和分配的碳排放配额量的差异,及时完整地购买相应碳排放配额或者国家核证自愿减排量以履行减排义务。在此市场机制下,环保技术先进企业将有技术能力获得更多可出售的碳排放配额并在市场中通过交易获益,而环保技术落后企业则需付出额外成本购买市场上的碳排放配额来保持正常运转,从而增加企业经营成本。因此,碳排放配额的交易体系有助于控制区域内的碳排放总量并推动企业发展绿色减排技术。

我国目前对碳排放配额的分配以免费发放为主,并在试点地区逐渐开始尝试以拍卖形式有偿分配部分配额。免费发放可以细分为基准线法、历史排放法和历史强度法3种分配模式。在基准线法标准下,监管部门将不同行业按照其技术水平、减排潜力等因素制定"碳排放强度行业基准值",不同企业个体以其所属行业的行业基准值为标准结合该企业实际产出量获得配额。在历史排放法中,各地区监管部门结合当年情况为不同行业制定调整系数,企业取得的配额总量为该企业的历史碳排放量乘以其所属行业该年调整系数。而历史强度法则是根据企业的产品产量、历史强度值、减排系数等因素为企业分配配额(图4-5)。

图 4-5 政府确定配额流程

(二)国家核证自愿减排量(CCER)

CCER 是由国家自愿减排管理机构(国家发改委)签发的减排量。作为碳交易市场的重要补充机制,CCER 是具有国家公信力的碳资产,可用于国内碳交易试点中控排企业的履约,也可作为企业和个人的自愿减排工具(图4-6)。CCER 的产生源于特定减排项目的实施,这些项目经过严格验证后产生可量化的减排量,主要项目类型包括新能源与可再生能源类项目(如风能、水电、太阳能、生物质能)、节能和提高能效类项目、甲烷回收利用类项目、燃料替代类项目、以及林业碳汇项目等。

图 4-6 碳交易市场中的 CEA 与 CCER 对比图

在碳市场中,CCER可按1∶1的比例替代碳排放配额,即1个CCER等同于1个配额,可抵消1t二氧化碳当量的排放。控排企业可以通过向实施"碳抵消"活动的企业购买CCER来抵消自身的碳排放。根据《碳排放权交易管理办法(试行)》,重点排放单位每年可使用CCER抵消其碳排放配额的清缴,通常情况下,用于抵消的CCER上限为该企业配额的5%~10%。这种机制不仅为减排项目提供了经济激励,也为难以直接减排的实体提供了一种间接参与减排的方式,从而在全国范围内推动温室气体减排,为中国实现碳中和目标作出贡献。

CCER(中国核证自愿减排量)申请核证工作曾于2017年暂缓,历时近七年。在此期间,市场上的CCER存量逐年减少。作为碳排放权交易市场中的重要组成部分,CCER已于2024年1月22日正式重启交易,这标志着中国碳市场进入了新的发展阶段。

三、碳金融产品

碳金融又称为低碳金融,是指由《京都协定书》而兴起的低碳经济投融资活动,这是低碳经济发展环境衍生出的一个新兴市场。

从广义上来讲,碳金融泛指一切与限制温室气体排放量有关的金融活动,以及包括碳排放权及其衍生品的买卖交易、投资或投机等活动,也包括为限制温室气体排放而新建项目的投资、融资,为其提供担保、咨询等服务;从狭义上说,碳金融可以称为碳融资,就是与环境保护有关的融资,其目的旨在保护当地的生态环境,为环保项目提供资金支持的金融活动。碳金融作为一种新兴的金融服务领域,涉及一系列的政策工具和创新,包括碳定价、碳交易市场、碳金融衍生工具等,这些都是激励和促进减排的关键机制。这些工具的创新应用,结合政策引导和市场激励,共同构成了推动低碳转型的经济和金融框架,为实现碳中和目标提供了强有力的支持。

碳金融市场组成基本要素有资金供应方与资金需求方、碳金融工具、碳金融中介和价格,四大要素中核心的要素之一便是碳金融工具,碳金融原生工具主要包含碳排放权与碳减排信用额。碳金融衍生工具主要有碳远期、碳期货、碳期权、碳掉期等,碳金融创新衍生工具包含碳排放权在其他投融资工具、理财工具领域的应用,比如碳质押/碳抵押、套利交易工具、碳信托、碳保险/保证/担保、减排信用的货币化/证券化。

(一)碳金融原生工具

碳金融原生工具主要包含碳配额与减排信用额、碳债券、碳基金。

1. 碳配额与减排信用额

碳配额与减排信用额目前现货交易比较多,通过交易双方对排放权交易的时间、地点、方式、质量、数量、价格等在协议中予以确定,并达成交易,随着排放权的转移,同时完成排放权的交换与流通。一般情况下,全国碳配额在上海环境能源交易所进行挂牌交易,卖方、买方目前只有控排企业,未来随着市场的完善也会开放投资机构甚至个人。地方碳配额可以在地方试点交易所进行交易,但是因为地方配额总额分配量比较大,地方配额缺口不大,所以交易量不是很活跃,目前只有广东碳排放权交易中心、湖北碳排放权交易中心交易量和交易价格比较活跃。

2. 碳债券

碳债券这一概念是由中国广东核电集团有限公司副总经理谭健先生在 2009 年 12 月 24 日发表的《发行碳债券:支撑低碳经济金融创新重大选择》中提出的。所谓碳债券是指,政府、企业为筹集低碳经济项目资金而向投资者发行的、承诺在一定时期支付利息和到期还本的债务凭证,它的核心特点就是将低碳项目的减排收入与债券利率水平挂钩。同时,谭健先生提出碳债券可以采取固定利率加浮动利率的产品设计,将低碳项目一定比例的碳减排收入用于浮动利息的支付,实现了项目投资者与债券投资者对 CDM(Clean Development Mechanism,清洁发展机制)收益的分享。

随着我国碳排放市场的不断完善与成熟,碳配额价格与信用减排额的价格趋于稳定,碳价的市场定价功能得到充分发挥时,金融市场也可以单独发行碳债券,控排企业亦可以通过直接抵押碳配额给发行公司进行抵押型债券融资,自愿减排项目业主方可以通过抵押减排信用额进行抵押债券的发行进而向社会公众融资,然后再进行减排项目的开发。

3. 碳基金

从广义上讲,碳基金是一种由政府、金融机构、企业或者个人投资设立的,通过在全球范围内购买碳减排信用额、投资于温室气体减排项目或投资于低碳发展相关活动,从而获得回报的投资工具;狭义的碳基金就是利用公共或者私有资金在市场上购买京都机制下的碳金融产品的投资契约。当然,随着碳排放市场的发展,投资标的也会扩展到非京都机制下的碳信用产品。

随着我国碳排放市场的不断发展与完善,碳基金也会获得利好的发展机会,当碳资产被赋予证券资产的属性后,碳金融市场将被完全纳入证券市场,统一由中国证券监督管理委员会进行监督管理,碳基金也可以按照证券投资基金相关法律法规规定的流程进行运作,成为特殊的证券投资基金。

(二)碳金融基本衍生工具

碳金融基本衍生工具是在碳基础产品的基本框架下衍生出来的,主要交易对象是碳排放权交易单位在未来不同条件下处置的权利和义务。碳金融基本衍生工具本身没有价值,只是作为一种合法的权利或者义务的证书,交易标的是虚拟产品。虽然碳金融基本衍生工具的运行独立于基础产品,但是其价值及价格变动规律还是和碳配额现货或者减排信用额现货密切相关。碳金融基本衍生工具的交易通常都是采用保证金制度,同时,碳金融基本衍生工具种类比较多,针对不同客户群体,合约时间、金额、杠杆比例、价格等参数设计相对灵活,由此需要多方进行甄别评判每一种碳金融基本衍生工具。主要的碳金融基本衍生工具有以下几种类型。

1. 碳远期交易

碳远期交易在碳交易产生初期就存在,最原始的 CDM 交易机制就是一种碳远期交易,买卖双方通过签订减排量购买协议,约定在未来的某一段时间内,以某一特定的价格对项目产生的特定数量的减排量进行的交易。在碳交易市场发展早期,这个交易的价格一般是固定的价格,碳远期这种碳金融衍生品在京都机制下已经发展得十分成熟,操作流程和交易流程都比较清晰。

在我国地方试点的碳交易中,湖北试点碳排放市场和上海试点碳排放市场分别推出了湖北碳配额现货远期产品和上海碳配额现货远期产品。现货远期交易是指市场参与人按照交易中心规定的交易流程,在交易中心平台买卖标的物,并在交易中心指定的履约期内进行相应的交割的交易方式。湖北碳配额现货远期的交易标的物是经过湖北省发改委核发的在市场上有效流通并能够在当年度履约的碳排放权,主要参与者有国内外机构、企业、组织和个人。上海碳配额现货远期指的是以上海碳排放配额为标的,以人民币计价和交易的在未来某一日期清算、结算的远期协议,上海碳配额现货远期交易平台是上海环境能源交易所。

2. 碳期货

碳期货是指以碳排放权现货合约为标的资产的期货合约,对买卖双方而言,进行碳期货交易的目的不在于最终进行实际的碳排放权交割,而是碳排放权拥有者利用期货自有的套期保值功能进行碳金融市场的风险规避,将风险转移给投机者,此外,期货的价格发现功能也在碳金融市场得到很好的利用。

我国能够进行期货合约的场所共有 4 个,分别是郑州商品交易所、大连商品交易所、上海期货交易所和中国金融期货交易所,这 4 个交易所都受中国证券监督管理委员会的统一监督与管理,另外期货产品的上市也要受到严格的监管。目前我国碳期货拟在广州碳排放权期货交易中心进行,但是因为处于早期,相配套的碳期货交易的监督管理政策还没有落地,整个碳期货的交易与监管还需要进一步探索。

3. 碳期权

碳期权是指在将来某个时期或者确定的某个时间,能够以某一确定的价格出售或者购买温室气体排放权指标的权利,碳期权主要有看涨期权和看跌期权。碳期权合约的应用能够增加碳排放权购买方的交易稳定性,可以在一定程度上规避碳价波动风险,但是,期权合约要求操作者有很强的专业知识。在碳排放权交易市场中,可以利用碳配额现货或者期货作为标的物,形成碳期权交易工具。根据交易场所不同,分为场内期权交易和场外期权交易。目前我国内定的期货交易方面已经取得一定的成就,但是场内期权交易并未推出。场外期权交易是指买卖双方自行签订期权合同,买方向卖方支付一定期权费后,拥有在未来某特定日期以事先定好的价格向卖方购买或者出售一定数量的配额的权利。碳期权的好处在于可以帮助控排企业提前锁定未来的碳成本或者碳收益,如果企业有盈余配额,可以提前买入看跌期权,锁定配额收益。

4. 碳排放权场外掉期

碳排放权场外掉期交易是一种以碳排放权为标的物的场外合约交易。在这种交易中，双方签署合约，约定以固定价格进行交易，并在未来某个时间以当时的市场价格完成相应的反向交易，最终仅需对两次交易的价格差额进行现金结算。这种交易方式为碳市场参与者提供了防范价格风险、开展套期保值的有效工具，同时也增加了碳市场的整体流动性。此类交易的开展不仅为未来碳期货等创新交易积累了宝贵经验，还积极响应了国务院在《关于促进资本市场健康发展的若干意见》中提出的要求。该意见强调要继续推出大宗资源性产品期货品种，发展商品期权、商品指数、碳排放权等交易工具，充分发挥期货市场价格发现和风险管理功能，增强期货市场服务实体经济的能力。通过发展碳排放权场外掉期交易，不仅可以完善碳市场的交易机制，还能为参与者提供更多的风险管理工具，推动碳市场向更加成熟和多元化的方向发展。

（三）碳金融创新衍生工具

1. 碳质押、碳抵押

碳配额与减排信用额本质都是在碳交易市场上流通的无形资产，最终转让的标的物就是温室气体排放的权利，由此碳资产也可以成为质押贷款的标的物，当债务人无法偿还债权人贷款时，债权人对被质押的碳配额或者减排信用额拥有自由处置的权利。

通过碳质押、碳抵押，可以充分发挥碳排放权交易在金融资本和实体经济之间的联通作用，有效帮助相关企业通过多元化方式盘活碳资产，拓宽担保物种类，完善碳权资产的金融属性，实现高效低成本的融资。

2. 碳托管

碳托管又称借碳，是指将控排企业持有的碳排放配额委托给专业碳资产管理公司，以碳资产管理公司的名义对所托管的配额进行集中管理和交易，从而达到控排企业碳资产增值的目的。一般情况下，控排企业所拥有的碳配额资产的数量决定了其对碳托管的积极性，排放量较小和排放量巨大的控排企业对碳托管的需求程度不高，大中型控排企业则较宜采用碳托管模式。

3. 碳回购

碳回购，是指重点排放单位或者其他配额持有者向碳排放权交易市场其他机构交易参与人出售配额，并约定一定期限后按照约定价格回购所出售配额，从而获得短期资金融通。配额持有者作为碳排放配额出让方，其他机构交易参与人作为碳排放配额受让方，双方签订回购协议，约定出售的配额数量、回购时间和回购价格等相关事宜，在协议有效期内，受让方可以自行处置碳排放配额。

4. 碳信托

碳信托是通过信托运作的一种集合资金信托计划,是指发起人通过发行收益权凭证,从投资者手里获得资金,再将这些集合起来的资金,按照信托协议的约定投资于温室气体减排项目,主要是通过清洁发展机制和联合履行机制所确定的特定行业的具体项目,在约定期限内将获得的碳信用指标或现金以收益形式回报给投资者。这种信托基金的方式实际上属于契约型基金产品,跟信托产品比较类似。除了信托以外,未来我国的碳金融市场也会涌现出其他丰富的碳信托产品,比如,控排企业将碳排放配额碳资产交给信托公司或者证券公司进行托管,约定一定的收益率,信托公司或者证券公司将配额碳资产作为抵押物进行融资,融得的资金进行金融市场再投资,获得的收益一部分用来支付予控排企业约定的收益率,另一部分可以用来偿还银行利息,信托公司或者证券公司获得剩下的收益。这样,碳资产在碳金融市场的融通性将可以得到充分发挥。

5. 碳保险

碳保险是一种担保性质的保险,主要为碳交易的买卖双方搭建一个良好的信誉平台,如在碳资产开发中,自愿减排项目的成功率具有一定的不确定性,金融机构则可以为项目最终交易的减排单位数量提供担保,通过这些保险或者担保机构的介入,进行风险分散,针对某特定时间可能产生的损失,向项目投资人提供保险。由此来看,未来的碳保险产品会不断涌出,这对保险从业人员也提出了较高的要求,不仅要了解保险的基本要求,还要了解碳排放、碳交易、碳排放市场等相关知识。

6. 碳保理

碳保理是金融机构向技术出让方发放贷款以保证其保质保量完成任务,待项目完成后,由技术购买方利用其节能减排所获得的收益来偿还贷款。我国最早推出碳保理的银行是浦发银行,浦发银行在2012年为当时联合国EB(Executive Board,执行理事会)注册的中国装机最大(装机达20万kW)、单体碳减排量最大的水电项目提供国际碳保理融资。

7. 碳普惠——创新性自愿减排机制

碳普惠是一种创新性的自愿减排机制,旨在鼓励全社会广泛参与碳减排行动,通过量化与记录个人、小微企业、社区和家庭的减排行为,并利用商业激励、政策鼓励和核证减排量交易等方式实现其价值。碳普惠通过巧妙利用"互联网＋大数据＋碳金融"的方式,构建一套公民碳减排"可记录、可衡量、有收益、被认同"的机制,是一项创新性自愿减排机制。政府主导的碳普惠机制侧重解决了与用户之间的信任建立问题,能够利用减排场景企业提供减排场景、消费场景企业提供积分奖励,实现政府平台加持的"碳"连接作用。用户可以通过绿色行为、绿色任务和绿色消费等获得积分,兑换奖励。其中,政府主导的多元碳普惠机制以政府作为顶层设计,多元企业积极参与,合作成员之间互不隶属、合作共赢,是新型环境治理体系下碳普惠发展的应有模式。

本章习题

(1) 中央政府在"双碳"工作中的主要职责是什么?请详细说明。
(2) 请举例说明地方政府在实现碳减排目标过程中可能面临的挑战,并提出解决方案。
(3) 解释什么是碳定价机制,并比较碳税与碳交易市场的异同。
(4) 绿色溢价的概念是什么?它对企业和消费者有何影响?
(5) 如何通过设定温室气体排放目标来推动地方政府的碳减排工作?
(6) 请分析地方政府在制定和执行相关政策法规时需要考虑哪些因素?
(7) 清洁能源和可再生能源的发展对地方政府实现碳减排目标有何帮助?
(8) 碳金融产品如碳期货和碳期权如何帮助企业进行风险管理?
(9) 地方政府如何通过扶持低碳经济和创新来促进可持续发展?
(10) 结合实际案例,说明地方政府如何与中央政府、国际组织和私营部门合作,共同应对气候变化的挑战。

本章小结

本章探讨了政府在碳减排中的角色,特别是国家和地方政府的角色及其实施机制。中央政府在"双碳"工作中扮演着重要角色,制订了时间表、路线图和具体的行动计划,包括能源绿色低碳转型、节能降碳增效、工业领域碳达峰、城乡建设碳达峰、交通运输绿色低碳、循环经济助力降碳、绿色低碳科技创新、碳汇能力巩固提升、绿色低碳全民行动和各地区梯次有序碳达峰十大行动。这些行动旨在全面推动我国经济社会的绿色低碳转型。

地方政府在碳减排中同样具有重要作用。地方政府能够根据本地区的具体情况制定适合的政策和措施,如设定温室气体排放目标、制定和执行相关政策法规、促进清洁能源和可再生能源的发展,以及扶持低碳经济和创新。通过这些措施,地方政府有效减少了温室气体排放,推动了能源产业的转型,并提高了生活质量和社区韧性。然而,地方政府在实现这些目标的过程中面临资金、技术、利益冲突和社会认知等挑战。为克服这些障碍,地方政府需要加强与中央政府、国际组织和私营部门的合作,并提高公众对碳减排重要性的认识。

本章同时也介绍了政府在碳减排中的政策工具与创新,包括碳定价机制、绿色溢价和碳排放市场体系。碳定价机制通过碳税和碳交易市场激励减少碳排放。绿色溢价则反映了环保产品在市场上的额外成本,并激励企业开发环保型产品。碳排放市场体系通过碳排放权交易和国家核证自愿减排量(CCER)等手段,推动了低碳经济的发展。此外,碳金融产品如碳金融原生工具、基本衍生工具和创新衍生工具也在推动低碳转型中发挥了重要作用。

第五章 企业的碳减排与创新

第一节 碳减排重要性及企业角色

气候变化是当今世界面临的最紧迫的全球性挑战之一。根据联合国气候变化框架公约(UNFCCC)提供的数据,全球温室气体(GHG)排放量在过去几十年中持续上升,其中二氧化碳(CO_2)占比最高,达到了总排放量的76%。企业活动,尤其是能源生产、工业制造、交通运输等领域,是主要的碳排放源。

巴黎协定设定了明确的全球温室气体减排目标,即将全球平均气温升幅控制在工业化前水平以上2℃以内,并努力将增温限制在1.5℃以内。面对这一挑战,企业的作用不容小觑。越来越多的企业承诺使用100%可再生能源,如谷歌、苹果和亚马逊等科技巨头已经实现或接近实现这一目标。同时,企业碳中和与零排放承诺也在增加。当前,不少企业已经开始积极采取措施降低碳排放。一方面,一些企业通过引进先进的节能技术和设备,优化生产流程,减少能源消耗,从而降低碳排放;另一方面,部分企业则致力于发展可再生能源,如太阳能、风能等,以替代传统的化石能源,进一步减少碳排放。此外,还有企业通过建立碳交易市场和参与碳排放权交易等方式,推动碳减排的市场化进程。

然而,尽管企业碳减排取得了一定的成效,但仍存在诸多问题与挑战。比如不同企业在碳减排意识、技术水平和资金投入等方面存在显著差异,导致碳减排进展不平衡。部分企业在碳减排过程中面临技术瓶颈和成本压力,使得减排工作难以持续推进。加之碳减排的监管和激励机制尚不完善,也制约了企业碳减排的积极性。

第二节 企业碳减排之路

一、企业碳足迹计算标准与方法

为了减少温室气体排放,企业首先需要准确地测量其碳足迹,即其活动所产生的碳排放总量。本节将详细介绍企业碳足迹的计算标准与方法,为企业提供一套系统的框架来识别、计算和报告其温室气体排放。

(一)企业碳足迹定义

企业碳足迹是指企业在其运营和生产过程中直接或间接产生的温室气体排放总量。根据国际通用标准,企业碳足迹通常分直接排放、间接排放,这一分类有助于企业更准确地识别和量化其温室气体排放来源,进而制定有效的减排策略。

1. 直接排放(Scope 1)

直接排放源于企业自身的运营活动,通常包括但不限于燃烧化石燃料(如天然气、煤炭、石油)的过程,这些过程直接产生二氧化碳、甲烷等温室气体。例如,一个制造工厂可能会直接排放温室气体,因为它需要燃烧燃料以产生能量来运行机器和设备。此外,企业车队的运营、生产过程中的化学反应,以及企业场地内的废物处理也会导致直接排放。

2. 间接排放

间接排放进一步细分为两类:Scope 2(能源间接排放)和 Scope 3(其他间接排放)。

Scope 2:指的是企业购买并消耗的电力、热能或蒸汽在其生产过程中所产生的温室气体排放。虽然这些排放并非直接由企业活动产生,但由于企业对这些能源的需求,间接导致了温室气体的排放。例如,一个办公楼使用的电力可能来自燃煤电厂,虽然温室气体的直接排放发生在电厂,但按照碳足迹计算标准,这部分排放也计入企业的碳足迹。

Scope 3:是指除了 Scope 2 外,企业活动所引起的所有其他间接温室气体排放。这包括但不限于原材料采购、产品的运输和分销、员工出行、使用企业产品和服务过程中产生的排放,以及产品末端处置等。Scope 3 是最复杂且是企业碳足迹中最大的一部分,但同时也是最难以准确量化的部分。

通过对直接排放和间接排放的细致分类和测量,企业能够更全面地理解其对气候变化的影响。准确计算碳足迹对制定有效的碳减排策略至关重要,不仅有助于企业满足日益增长的环保法规要求,也是实现可持续发展目标的基础。此外,透明地报告碳足迹数据还可以增强企业的品牌形象,提高其在消费者和投资者心中的信誉。

(二)国际标准与框架

为了统一碳足迹的计算和报告标准,国际上已经制定了多个重要的标准和协议,通过这些标准和协议,企业能够以一种统一和可比较的方式测量其温室气体排放,进而制定有效的减排策略。其中最为广泛采用的包括如下几种。

1. 温室气体协议(GHG Protocol)

GHG Protocol 自 1998 年推出以来,已成为全球认可的企业温室气体会计和报告的权威标准。该协议提供了一套全面的国际框架,帮助企业以系统的方式量化和管理温室气体排放。GHG Protocol 区分了 3 个排放范围(Scope 1、Scope 2 和 Scope 3),使企业能够全面理解其碳足迹的来源。

GHG Protocol 不仅指导企业如何计算和报告排放,还提供了目标设定、减排策略制定和进度追踪的框架。此外,它还鼓励企业进行温室气体管理,通过减排行动贡献于全球气候变化的应对。

2. ISO 14064 标准

ISO 14064 是由国际标准化组织(ISO)发布的一套关于温室气体排放和吸收量的国际标准,分为3个部分。

(1)ISO 14064-1:针对组织级别的温室气体排放和吸收量,提供了原则和要求,以及量化和报告温室气体排放和吸收量的指南。

(2)ISO 14064-2:专注于项目级别的温室气体减排或增加吸收量项目,提供了项目量化、监测和报告的指南。

(3)ISO 14064-3:涉及温室气体声明的验证和确认,为第三方审核提供了原则和要求。

ISO 14064 标准支持企业和其他组织在自愿或强制的基础上,按照透明、一致和准确的原则进行温室气体排放的量化、监测、报告和验证。这一系列标准为企业提供了一个清晰的框架,以评估和提高其对抗气候变化行动的有效性。

(三)计算方法与步骤

企业计算碳足迹的过程是一项系统性工作,涉及多个阶段和详细步骤。首先,企业需要明确计算碳足迹的边界,这包括组织边界和运营边界的确定。

1. 确定边界

1)组织边界

在确定组织边界时,企业需要决策其碳足迹计算将涵盖哪些子公司、部门或业务单位。这一决策通常基于控制权(如财务控制或运营控制)或股权份额。例如,如果一个企业对另一家公司拥有财务控制权,那么后者的排放量通常应被纳入前者的整体碳足迹计算中。

组织边界的确定对后续碳足迹的计算和管理具有重要影响,因为它定义了哪些实体的排放应被计算和报告。这一步骤要求企业进行全面的内部审视,确保所有相关实体都被考虑到。

2)运营边界

运营边界的确定则是识别和选择企业活动中哪些具体操作产生的温室气体排放应被包括在碳足迹计算中。这涉及对企业内部各种活动产生的直接和间接排放的识别,包括但不限于生产过程、能源使用、物流活动等。

在设定运营边界时,企业需要考虑到其直接控制下的排放(Scope 1)和间接排放(Scope 2 和 Scope 3)。例如,企业可能直接负责其工厂的能源管理,这属于直接排放;而其供应链中原材料的生产则属于间接排放。通过明确哪些活动和排放源属于企业的运营边界,企业可以更准确地收集数据和计算其碳足迹。

确立组织边界和运营边界为企业提供了一个清晰的框架,以系统地识别、量化和管理其温室气体排放。这不仅有助于企业满足国际标准和报告要求,也为其制定有效的减排策略提供了基础。

2. 数据收集

数据收集是企业计算碳足迹过程中的关键一步,它直接影响到碳足迹计算的准确性和完整性。在根据前述步骤确定了组织边界和运营边界之后,企业需要开始收集与其直接和间接温室气体排放相关的数据。这些数据主要包括能源消耗、原材料使用、废物处理等方面的信息。

3. 计算排放

计算排放是企业碳足迹评估过程中的核心步骤,它涉及将收集到的数据转化为温室气体排放量的具体数值。这一步骤的关键在于应用适当的排放因子,将能源消耗、原材料使用量等转换为二氧化碳当量(CO_2e)的排放量。排放因子是指产生特定量的温室气体所需的单位活动或过程量,例如,燃烧 1kg 天然气产生的二氧化碳当量。

GHG Protocol 提供了一套全面的指南和工具,帮助企业根据不同排放来源选择合适的排放因子并进行计算。以下是计算企业各类排放的基本方法。

(1)直接排放(Scope 1):直接排放的计算通常基于企业燃烧化石燃料或拥有的移动源(如公司车辆)的数据。企业需要收集这些活动的能源消耗量,并应用相应能源类型的排放因子进行计算。

(2)间接排放(Scope 2):计算间接排放主要涉及企业购买的电力、热能或蒸汽。这需要企业获取其能源消耗数据,并利用特定地区或国家电网的平均排放因子来计算相应的碳排放量。

(3)其他间接排放(Scope 3):Scope 3 排放的计算相对复杂,因为它包括了供应链、产品使用和废弃阶段等多个方面的排放。对于这部分排放,企业需要根据 GHG Protocol 提供的指南选择适当的排放因子,这可能包括原材料采购、产品运输、员工出差、租赁资产等多种活动的排放因子。

在实际计算过程中,确保使用最新和最准确的排放因子至关重要。随着技术进步和环境政策的变化,排放因子可能会发生变化。因此,企业应定期审查和更新所使用的排放因子,确保其碳足迹评估的准确性和时效性。

此外,对于一些特定行业或活动,可能需要使用特制的排放因子或计算方法。在这种情况下,企业可能需要参考行业指南或咨询专家,以确保计算结果的准确性。

通过以上步骤,企业可以准确地评估其直接和间接活动产生的温室气体总排放量,为制定减排策略和目标提供科学依据。

4. 报告与验证

在完成碳足迹的计算后,企业需要将其计算结果整理成一份详细的报告。这份报告不仅是企业对外展示其环境责任和可持续发展承诺的重要文件,也是内部管理和持续改进的基础。报告应包括以下关键内容。

(1)排放概览:报告应明确列出按照 Scope 1、Scope 2 和 Scope 3 分类的各项具体排放数据,以及它们各自对总碳足迹的贡献。

(2)计算方法:为了增加报告的透明度和可信度,需要详细描述用于计算碳足迹的方法和排放因子,包括任何特定行业或地区的计算标准。

(3)数据来源:报告应指明所有数据的来源,包括直接测量、估算或其他数据获取方式,以及数据收集过程中遇到的任何挑战或限制。

(4)减排目标与策略:除了过去和现在的排放数据,报告还应概述企业设定的减排目标和实现这些目标的策略或计划。

为了确保报告的准确性和透明性,企业应考虑通过第三方进行数据的验证。第三方验证通常由独立的专业机构执行,这些机构将根据国际标准如 ISO 14064-3 进行审核,以确认报告中的数据和信息是否准确、完整且符合相关标准。通过第三方验证的报告不仅能增强利益相关者对企业环境表现的信心,也可以在一定程度上提高企业在市场上的竞争力和声誉。

在当前全球越来越重视气候变化问题的背景下,准确和透明地报告企业碳足迹已成为评价企业社会责任和可持续发展能力的重要指标。因此,企业不仅需要关注其碳足迹的计算和减排,同样需要重视碳足迹报告的质量和真实性,确保其反映了企业在环境保护方面的真实努力和成果。

5. 案例分析

为了更好地理解企业碳足迹计算的实际应用,以下是一个简化的制造业公司的案例,涵盖了碳足迹计算的主要步骤,帮助读者更好地理解整个过程。

(1)确定边界。

该公司首先明确了计算的边界。

组织边界:采用运营控制法,包括主要生产工厂和办公大楼。

运营边界:Scope 1 工厂内的直接排放,如锅炉使用的天然气;Scope 2 外购电力产生的间接排放;Scope 3 选择了员工通勤和原材料运输这两个重要类别。

(2)数据收集。

公司收集了以下年度数据:天然气消耗,500 000 m^3;电力消耗,2 000 000 kW·h;员工通勤,100 名员工,平均每人每天往返 40 km,年工作日 250 d;原材料运输,卡车运输,总里程 100 000 km。

(3)计算排放。

使用适当的排放因子,计算如下。

Scope 1:

天然气　500 000 m^3 × 2.1 kg CO_2e/m^3 = 1 050 000 kg CO_2e

Scope 2:

电力　2 000 000 kW·h × 0.5 kg CO_2e/kW·h = 1 000 000 kg CO_2e

Scope 3:

员工通勤　100 人 × 40 km/d × 250 d × 0.14 kg CO_2e/km = 140 000 kg CO_2e

原材料运输　100 000 km × 0.8 kg CO_2e/km = 80 000 kg CO_2e

总碳足迹＝1 050 000kg＋1 000 000kg＋140 000kg＋80 000kg＝2 270 000kg CO_2e＝2 270t CO_2e

(4)报告与验证。

公司编制了详细的碳足迹报告,内容包括:排放总量及各 Scope 的贡献比例;使用的计算方法和排放因子来源说明;数据收集过程和质量控制措施;与上一年度相比的变化及原因分析;未来的减排目标和具体行动计划。

为确保报告的可信度,还需聘请第三方机构进行独立验证。

在实际操作中,企业可能面临更复杂的情况,如更多的排放源、更详细的数据要求等。然而,遵循这个基本框架,企业可以逐步完善自身的碳排放管理体系。

通过准确计算碳足迹,企业不仅可以了解自身的排放状况,还能识别主要排放源,为制定有效的减排策略提供依据。同时,定期的碳足迹计算也有助于企业追踪减排进展,实现持续改进。

二、企业碳排放策略与方案

(一)能源效率提升

1. 节能技术创新与应用

在追求可持续发展的当下,企业面临着提升能源效率、减少能源消耗和碳排放的重要任务。实现这一目标的关键路径之一是持续的技术创新与应用。节能技术不仅包括高效照明系统、节能电机、高效锅炉等传统领域,还涵盖了智能控制系统、先进的热回收技术,以及能源监测与管理软件等现代技术。

(1)高效照明系统与智能控制系统:采用 LED 照明和智能照明控制系统,可以大幅减少企业办公和生产区域的能源消耗。与传统照明相比,LED 照明在能耗和寿命方面都有显著优势,而智能控制系统能根据实际需要自动调整照明强度,进一步优化能源使用。

(2)节能电机:电机在工业生产中广泛使用,其能耗占工业总能耗的较大比例。采用高效节能电机和变频器技术,可以有效降低电机运行过程中的能耗,尤其是在负载变化较大的应用场景中。

(3)高效锅炉与热回收:传统的工业锅炉效率较低,通过采用高效锅炉和改进锅炉燃烧技术,企业可以显著提升热能利用率。此外,利用热回收技术,如余热回收系统,可以将生产过程中产生的废热转化为电能或再次用于加热,从而减少额外的能源需求。

(4)能源监测与管理软件:实施能源管理系统(如 ISO 50001 标准),并采用能源监测软件,可以帮助企业实时跟踪和分析能源消耗数据。这种透明度使企业能够识别出节能潜力最大的领域,制定针对性的改进措施。

这种技术创新与应用的过程,需要企业持续投入研发资源,并积极寻求与科研机构、技术供应商的合作机会,以便不断吸纳和应用最新的节能技术成果,实现更高的能源利用效率,显著降低运营成本,并减少对环境的影响。

2. 能源管理系统优化

能源管理系统优化是企业提高能源效率、减少碳排放的关键策略之一。通过建立和优化能源管理系统，企业能够更加系统和科学地管理其能源使用，从而实现可持续发展目标。下面详细介绍如何通过能源管理系统优化实现这一目标。

（1）引入 ISO 50001 能源管理体系。ISO 50001 是一个国际认可的能源管理标准，旨在帮助组织建立必要的系统和过程，以改善能源性能，包括能效、使用和消耗。实施 ISO 50001 能够从以下几方面帮助企业。

确立能源政策：为企业提供一个框架，用以设定和追踪能源使用和消耗的目标，从而减少环境影响和成本。

使用数据驱动决策：通过收集和分析能源使用数据，企业可以识别出节省能源的机会，并对能源使用进行持续的改进。

优化能源使用：通过实施高效的操作和维护过程，以及投资于能效技术，企业可以显著降低能源消耗。

（2）精细化能源消耗管理。精细化管理是实现能源效率提升的关键。这包括对企业内部各个部门、各种设备的能源消耗进行详细监测和分析，从而识别出节能减排的潜在机会。通过安装智能传感器和使用能源管理软件，企业可以实时监控能源使用情况，及时调整操作以减少浪费。

（3）员工培训和意识提升。员工是实现能源效率提升措施的关键执行者。因此，提升员工对节能重要性的认识和理解，以及指导他们如何在日常工作中实践节能措施，对于优化能源管理系统至关重要。企业可以通过举办工作坊、培训班和竞赛等活动，激发员工的节能意识，鼓励他们在工作中采取节能行动。

（4）持续改进与创新。优化能源管理系统是一个持续的过程。企业应定期评估能源管理系统的效果，并根据评估结果进行必要的调整和改进。同时，企业应持续关注新的节能技术和方法，勇于创新，不断寻找提高能源效率的新途径。

（二）清洁能源转型

1. 可再生能源使用

在应对气候变化和推动可持续发展的全球背景下，企业的能源转型成为一个紧迫的议题。转向可再生能源使用，不仅是减少温室气体排放的有效途径，也是企业提升自身竞争力和品牌形象的重要策略。太阳能和风能作为最被广泛认可和应用的可再生能源，为企业提供了清洁、可靠和经济的能源解决方案。

通过直接投资建设太阳能光伏电站或风力发电项目，企业可以在自身运营中直接利用这些清洁能源，实现能源自给自足，减少对外部电力供应的依赖。此外，这些项目还可以为企业带来额外的经济收益，如通过售电或享受政府的绿色能源补贴来获得经济收益。

对于那些地理位置或资本条件不允许直接建设可再生能源项目的企业，购买绿色电力成为另一种可行的选择。绿色电力指的是由可再生能源产生的电力,企业可以通过购买绿色电力证书或直接与绿色电力供应商签订购电协议,来确保其用电来源于可再生能源。这种做法不仅有助于推动整个社会的能源结构转型,也使企业在其供应链和消费者中树立起负责任和前瞻性的形象。

无论是通过直接投资还是购买绿色电力,转向可再生能源使用都要求企业进行周密的规划和长远的战略考虑。这包括评估项目的经济可行性、监测市场和政策动态,以及建立与各方利益相关者的合作。通过这些努力,企业不仅能够减少自身的碳足迹,还能在全球范围内推动可持续能源的发展和应用。

2. 碳捕集、利用与封存(CCUS)技术

在制定企业碳减排策略时,碳捕集、利用与封存(CCUS)技术的应用为特定行业提供了实际的减排途径。将 CCUS 技术融入企业的碳减排策略,不仅有助于钢铁和水泥等重工业有效地降低 CO_2 排放,降低减排压力,还能够促进它们向环境更加友好的生产方式转变。

具体而言,企业可以通过以下步骤将 CCUS 技术集成到其碳减排策略中。

(1)技术评估与选择。企业首先需要对现有的 CCUS 技术进行全面的评估,这包括考察不同技术方案的成熟度、适用性、成本效益,以及对环境的潜在影响。评估过程中,企业应考虑技术是否能够适应其特定的生产条件和减排需求,以及长期运营中可能面临的技术和经济挑战。选择最合适的技术方案是实现有效碳减排的关键第一步。

(2)项目规划与实施。在选择了合适的 CCUS 技术后,企业需要制定详尽的项目规划和实施计划。这个阶段涉及技术装置的设计与建设、项目的资金筹措,以及运营管理等多个方面。项目规划还需考虑如何获得政策和财政上的支持,包括利用政府补贴、税收优惠等政策工具来降低项目成本和风险。此外,与地方政府和社区的沟通协调也是成功实施 CCUS 项目的重要组成部分,以确保项目得到社会各方的理解和支持。

(3)经济性分析。对 CCUS 项目的经济性进行综合分析是确保项目可持续性的关键。这包括对项目成本、潜在收益和风险进行全面评估。由于 CCUS 技术可以将捕捉到的 CO_2 转化为商业化产品,如合成燃料、化肥或其他化学品,企业应详细探索这一转化过程的市场潜力和经济价值。此外,考虑到碳排放权交易市场的发展,企业还可以通过出售减排量证书来获得额外收入,进一步提高项目的经济吸引力。

(4)监管合规与政策倡导。了解和遵守相关的环境法规和政策要求是实施 CCUS 项目的前提。同时,企业可以通过行业协会或其他平台,参与碳减排政策的制定过程,为 CCUS 技术的推广和应用争取更多的政策支持和激励措施。

(三)产品生命周期管理

产品生命周期管理是企业实现碳中和目标的关键一环。它要求企业全面考量产品从"摇篮"到"坟墓"的每一步——原材料的选择、设计的创新、生产过程的优化、使用的高效性,以及最终的废弃处理。特别是在绿色设计与生产方面,它直接影响着产品整个生命周期内的能源消耗和碳排放量。通过精心设计和制造,不仅可以最小化环境影响,还能为企业带来长远的经济和社会价值。

1. 绿色设计与生产

在探索企业实现碳中和的复杂过程中,对产品生命周期的全面管理策略强调了一个全局视角,要求企业在产品的整个生命周期内,从原材料的采集、产品的设计阶段,到生产实施、使用过程,乃至最终的废弃或回收,都必须承担起减少环境影响的责任。在这一系列环节中,绿色设计与生产直接关乎到减少产品在其生命周期中的能源需求和碳排放。通过实施这一策略,不仅可以有效降低对环境的负面影响,还能为企业带来可持续发展的新机遇。

(1)环境友好型材料的选择。在推进的绿色设计与生产实践中,选择对环境影响最小的材料是基本前提。通过生命周期评估(Life Cycle Assessment,LCA),企业可以全面评价材料从获取、加工到废弃全过程对环境的影响,这种方法在我国越来越受到重视[1]。优先采用整个生命周期中环境足迹较小的材料已成为趋势,例如华为在 2018 年使用生物基塑料替代传统石油基塑料,减少了约 612t 碳排放[2]。同时,我国建立了自己的绿色设计产品认证体系,一些企业还通过绿色供应链管理来严格要求材料选择。虽然森林管理委员会(FSC)认证在国际上广泛使用,但我国也有自己的森林认证体系,一些企业在使用进口木材时会考虑 FSC 认证,以确保原材料采集对生态系统影响最小。此外,循环再生材料的使用也在探索中,旨在进一步减少环境影响[3]。通过这些措施,企业正努力减少其产品和生产过程的环境足迹,而 LCA 作为科学评估方法,正被越来越多的企业和研究机构采用,用于指导更环保的材料选择和产品设计。

(2)产品的可回收性与拆解性设计。采纳设计思维(design thinking)和模块化设计原则,以确保产品在设计之初就具备易于回收和拆解的特性。这种方法涉及使用标准化部件和避免难以分离的黏合剂或焊接技术,旨在提高产品在生命周期末端的回收率和材料再利用价值。

(3)节能减排的生产技术。通过引入数字化制造(digital manufacturing)、精益生产(lean manufacturing)等现代化生产技术,企业能够有效优化生产流程,达到减少能源消耗和废物产生的目的。实施工业 4.0 解决方案,如利用物联网(Internet of Things,IoT)技术监控能源使用情况,可以进一步优化能源管理,减少不必要的能源浪费。同时,采用闭环冷却系统等措施可以有效减少水资源的消耗。

(4)综合能效管理。实施能源管理系统(例如 ISO 50001 标准),通过对生产设施内能源性能的持续改进,降低能源消耗和碳排放。这包括对生产设备进行能效评估、优化操作参数和引入高效能转换设备等多项措施。

---

[1] SCS GLOBAL SERVICES. 2020. 生命周期评估[EB/OL]. https://zh.scsglobalservices.com/services/life-cycle-assessment.

[2] 华为. 2018. 绿色环保[EB/OL]. https://www-file.huawei.com/-/media/corporate/pdf/sustainability/2018/2018-csr-environment-protection-1.pdf.

[3] APPLE. 2018. 环境责任报告[R/OL]. https://www.apple.com.cn/environment/pdf/apple_environmental_responsibility_report_2018.pdf.

2. 循环经济与废物管理

循环经济模式代表了一种根本的经济结构转变,其核心理念在于通过再使用、再制造、回收和再生等手段,最大化地延长产品和材料的使用寿命,同时最小化产生的废物。在这一模式中,废物不再被视为无用之物,而是作为一种资源重新融入生产链,这一理念的实施对实现可持续发展具有重要意义。

废物管理策略是循环经济成功实践的关键。为了有效地实现资源的循环利用,企业需要构建一套全面的废物管理体系,包括但不限于废物的分类、回收、处理和再利用。这一体系的建立旨在确保每一份资源都能被最大限度地回收利用,从而减少对新资源的需求和对环境的影响。

(四)碳资产管理与金融创新

在全球化背景下,企业的碳减排和创新活动已成为实现长期可持续发展的关键因素。碳资产管理与金融创新构成了企业达成碳中和目标的核心战略,涉及碳资产的识别、量化、优化和变现,以及利用金融工具管理碳相关风险和机遇。碳资产管理包括碳排放盘查、碳资产优化和变现,而碳金融创新则提供了一系列支持低碳经济发展的工具和服务,如碳排放权交易、碳信用、绿色债券、碳中和基金、碳期货和期权以及碳保险等。

随着全球对气候变化应对措施的加强,碳定价机制成为推动企业减排的重要工具,但同时也带来了新的挑战,主要体现在市场风险和合规风险两个方面。市场风险源于碳价格的波动性,可能直接影响企业的运营成本和盈利模式,特别是对能源密集型和高碳排放行业;合规风险则与碳排放政策的变化和执行标准紧密相关,要求企业能够灵活适应不同地区的法规环境。为有效管理这些风险,企业需要建立全面的风险评估和管理体系,投资低碳技术和绿色能源,实施多元化能源使用策略,积极参与碳市场交易,并将低碳转型融入核心商业模式和长期发展规划。这些金融创新和风险管理策略不仅为企业提供了管理碳风险和实现减排目标的工具,也为投资者创造了新的投资机会,共同构成推动低碳经济转型的金融生态系统。通过有效的碳资产管理和灵活运用碳金融工具,企业可以优化碳排放结构,提高碳资产价值,管理碳相关风险,获取低碳转型所需的资金支持,最终在应对全球气候变化的大趋势中实现经济效益与环境效益的双赢,并抓住新的发展机遇。

本章习题

(1)为什么企业在全球应对气候变化的努力中扮演着至关重要的角色?
(2)企业碳足迹计算中的直接排放和间接排放各指什么?
(3)企业在碳减排过程中面临哪些主要挑战?
(4)什么是碳足迹?如何计算企业的碳足迹?
(5)Scope 1、Scope 2 和 Scope 3 排放分别指什么?
(6)国际上有哪些标准和框架帮助企业量化和管理温室气体排放?

(7)企业可以采取哪些具体措施来提升能源效率?
(8)如何通过转向清洁能源来实现企业的碳减排目标?
(9)什么是碳捕集、利用与封存(CCUS)技术?它在碳减排中起到什么作用?
(10)碳资产管理与金融创新如何帮助企业在市场机制中获得经济激励并推动碳减排?

本章小结

本章集中探讨企业在应对气候变化挑战中所承担的角色。企业活动,特别是能源生产、工业制造和交通运输等领域,是主要的碳排放源。尽管一些企业已经在碳减排方面取得了进展,但仍面临技术瓶颈、成本压力,以及监管和激励机制不完善等问题。为了有效减少碳排放,企业需要采用创新技术、改进管理实践,并积极参与政策制定和市场机制。

首先,企业需要准确计算其碳足迹,这包括直接排放(Scope 1)和间接排放(Scope 2 和 Scope 3)。国际上已有多种标准和框架,如温室气体协议(GHG Protocol)和 ISO 14064 标准,帮助企业系统地量化和管理温室气体排放。计算碳足迹的过程包括确定边界、数据收集、计算排放,以及报告与验证。

在碳减排策略方面,企业可以通过提升能源效率、转向清洁能源、管理产品生命周期和进行碳资产管理来实现目标。具体措施包括引入节能技术和能源管理系统,使用可再生能源,采用碳捕集、利用与封存(CCUS)技术,以及优化废物管理。碳资产管理与金融创新也在其中发挥重要作用,通过碳信用交易和风险管理,企业可以在市场机制中获得经济激励,从而推动整体碳减排,实现企业在碳减排中角色的价值。

第六章 个人的低碳行为与意识

个人的生活方式和消费习惯都直接或间接地影响着温室气体的排放量。低碳生活通过减少能源使用、优化交通出行、改善饮食习惯和做出环保消费选择,帮助个人减少碳足迹并减缓全球变暖。尽管单个行动的影响有限,但当更多人参与时,其累积效应显著,能促进清洁能源和绿色技术发展,提高社会对环境保护的意识。低碳生活不仅减缓气候变化,还改善空气质量和公共健康,带来经济效益,如降低家庭开支和创造绿色就业机会等。从长远来看,它不仅是应对气候变化的必要措施,也是推动可持续发展和建设更公正健康社会的重要途径。

气候变化的紧迫性要求我们立即采取行动。虽然国家政策和国际合作在应对气候变化中扮演关键角色,但个人行动同样不可或缺。通过采取低碳生活方式,每个人都可以为减缓全球变暖作出贡献。

第一节 低碳消费与个人碳足迹

一、低碳消费

低碳消费是指以低碳为导向的一种共生型消费方式。它是指消费者在购买商品或服务时,关注其碳排放量和对环境的影响,选择碳排放量较低的商品或服务,从而在满足自身需求的同时,减少对环境的影响,促进资源节约和环境保护。其核心在于减少二氧化碳的排放量,以低能耗、低排放、低污染为特征,以对社会和后代负责任的态度,积极实现经济、社会和环境的和谐共生发展。它是一种基于文明、科学、健康的生态化消费方式,是人类社会发展过程中的根本要求,也是低碳经济发展的必然选择。

低碳消费不仅关注个人的消费行为,还关注整个社会的消费模式和产业结构。它鼓励人们选择公共交通、骑自行车或步行出行,减少私家车的使用;选择使用节能电器、节水器具等低碳产品;在购物时选择环保包装和可循环利用的产品;在餐饮方面减少食物浪费等(图 6-1)。

二、个人碳足迹定义

个人碳足迹是指一个人在日常生活中直接或间接产生的温室气体排放总量,通常以二氧化碳当量(CO_2e)为单位,这是全球气候变化的主要驱动因素。个人碳足迹的计算通常涵盖了交通出行、家庭能源使用、食品消费、商品和服务购买等多个方面。

从出行方式到家庭能源使用,再到食品消费和日常购买的商品与服务,每一项活动都与

第六章　个人的低碳行为与意识

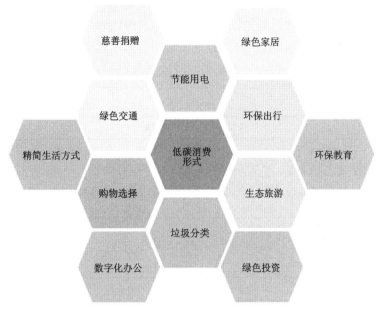

图 6-1　常见低碳消费形式

我们的碳足迹紧密相连。这种累积的碳排放不仅反映了个体生活方式的环境影响,也是全球气候变化的一个微观缩影。在出行过程中,当人们选择驾驶私家车、乘坐飞机等交通工具时,燃烧的化石燃料释放出大量的二氧化碳,这对气候变暖的贡献尤为显著。特别是长途飞行,由于其高耗油性质,成为个人碳足迹中的一个重要组成部分。相较之下,公共交通、骑自行车或步行等出行方式则显著减少了个人对环境的影响。家庭能源使用也是个人碳足迹的一个重要来源。无论是供暖、制冷、照明还是日常电器的使用,这些活动所需的能源如果来源于化石燃料,如天然气、煤炭或石油,就会导致二氧化碳等温室气体的排放。随着人们生活水平的提高,家庭能源消耗量也在不断增加,对环境造成了更大的压力。在食品消费方面,从生产到加工,再到运输和储存,每个环节都伴随着碳排放。尤其是动物源食品,如红肉和乳制品,其生产过程中产生的甲烷和二氧化碳排放对气候变化的影响尤为显著。此外,食物的运输过程中也产生了大量的碳足迹,特别是那些从远地进口的食材。个人在购买商品与服务时也产生了碳足迹。衣物、电子产品以及其他消费品,它们的生产、运输和最终废弃处理过程都涉及能源消耗和温室气体排放。此外,服务行业,如银行、教育和医疗服务,虽然看似与环境无关,但其运营过程中也间接产生了碳排放,例如办公室的能源使用、纸张消耗等。

三、个人碳足迹计算

个人碳足迹是评估个体对气候变化的贡献程度的重要指标。通过计算个人碳足迹,我们可以了解自己的碳排放量,并采取措施来减少碳足迹。

有许多在线工具和计算器可用于帮助人们计算个人碳足迹。这些工具通常基于个人的日常活动和消费习惯来评估碳排放量,提供了一个简便的方式来了解自己的碳足迹,并可以为采取减少碳足迹的行动提供指导。

除了在线工具,还有一些常见的计算个人碳足迹的方法。其中最简单的方法之一是通过查看能源账单来评估能源消耗。通过了解自己的电力、燃气和其他能源的使用情况,我们可以估算出个人的能源碳排放量(图 6-2)。另一个常用的方法是采用问卷调查的形式,询问个人日常活动、消费习惯和行为决策,然后使用相应的排放因子进行计算。这种方法可以较全面地评估个人碳足迹,但可能需要更多的时间和努力。

常见的个人碳排放数据						
开冷气机1h	看电视1h	听收音机1h	听音响1h	开节能灯1h	开钨丝灯1h	开电扇1h
0.621kg	0.621kg	0.621kg	0.621kg	0.621kg	0.621kg	0.621kg
开车1km	骑摩托车1km	每用1t水	每用1m³天然气	适用1kg木炭	外食1个便当	丢1kg垃圾
0.22kg	0.055kg	0.194kg	2.1kg	3.7kg	0.48kg	2.06kg
用笔记本电脑1h	洗热水澡	家里电冰箱每个人	烫衣服	搭电梯上下1层楼	吃1kg牛肉	买1件T恤
0.013kg	0.42kg	0.65kg	0.02kg	0.218kg	36.4kg	4kg

图 6-2 常见的个人碳排放①

第二节 个人碳中和实现途径

一、衣食行与碳中和

1. 环保时尚的兴起

服装生产和消费过程中的能源消耗及废弃物处理产生大量碳排放。根据联合国环境署的数据,纺织服装业的碳排放量占全球总量的 10%,超过所有航班和海运的总和。例如,涤纶纺织品的生产每 kg 排放 25.701kg 二氧化碳当量②,而 1 条纯棉牛仔裤的整个生命周期排放为 32.3kg 二氧化碳当量,白色纯棉 3/4 袖长款女式衬衫从棉花种植到成衣回收处理的排放为 10.75kg 二氧化碳当量③。预计到 2030 年,随着世界人口增长至 85 亿人,纺织服装业的碳排放将超过石油行业,成为最大的碳排放源。到 2050 年,纺织服装业将消耗超过全球 30% 的碳预算。

---

① 如何计算个人的碳排放?[EB/OL].中国碳排放交易网,2012-07-10[2024-08-20]. http://www.tanpaifang.com/tanzuji/2012/0710/3911.html.
② 赵年花,2012.涤纶纺织品的碳足迹评估与低碳措施[D].上海:东华大学.
③ 王来力,2013.纺织服装碳足迹和水足迹研究与示范[D].上海:东华大学.

快时尚的兴起加剧了这一问题,快时尚是指以低成本和快速生产为特点的时尚产业模式。然而,这种模式对环境造成了许多负面影响。首先,快时尚需要大量的资源来生产衣物,例如水、棉花和能源,这导致了对自然资源的过度消耗和浪费。其次,快时尚的生产过程产生了大量的废物和排放物,如化学品、塑料和二氧化碳,这些废物和排放物对环境和人类健康都有害。

为了应对快时尚对环境的负面影响,可持续时尚的实践逐渐兴起,并成为降低服装行业碳排放的有效助推器。公众可以通过以下方式参与环保时尚。

（1）选择环保材料：支持使用有机棉、再生纤维和可持续材料的品牌。这些材料在生产过程中使用较少的化学品和能源,减少了对环境的负面影响。

（2）二手衣物交易：购买和销售二手衣物,延长衣物使用寿命,减少废物产生。例如,通过二手市场购买衣物,可以减少新衣物生产所需的资源消耗。

（3）衣物回收：回收和再利用废弃衣物,减少资源消耗。例如,一些品牌提供回收服务,将旧衣物转化为新产品,从而减少废弃物。

2. 向低碳饮食转变

在当前全球气候变化的背景下,向低碳饮食转变已经成为一个重要的议题。饮食习惯与碳排放量之间有着密切的关系。根据联合国粮食及农业组织（Food and Agriculture Organization of the United Nations,FAO）的报告研究发现,肉类生产过程中产生的碳排放,是重要的温室气体排放源。肉类的生产需要大量的能源和水资源,且会产生大量的温室气体。根据统计,生产1kg牛肉会产生约36.4kg二氧化碳当量,而生产1kg猪肉会产生约20.1kg二氧化碳当量。相比之下,生产1kg植物性食品（如蔬菜、水果等）的碳排放量要低得多。

为了更具体地了解饮食调整对碳排放的影响,根据杜兰大学的研究人员与他人合作的一项发表在《自然-食品》的研究发现,进行简单的食物替换,如从牛肉换成鸡肉,或者从喝牛奶转向喝植物奶,可以使美国人的平均食物碳足迹减少35%。

个人可以采取以下行动来减少碳排放和推动低碳饮食。

（1）选择植物性饮食：减少肉类摄入,多选择蔬菜、水果、豆类等植物性食品。

（2）减少食物浪费：节约食物和资源,例如每节约1t水可以减少约0.19kg的碳排放,每节约1度电可以减少0.61kg的碳排放。

（3）支持有机农业：有机农业使用有机肥料和自然生物防治,减少了农药和化肥的使用,有助于减少温室气体排放。

（4）采取个人行动：季节性食物消费、本地采购和厨余堆肥等。

3. 交通的可持续发展

私家车、公共交通和航空等交通方式的使用都对环境产生了巨大的碳足迹,根据美国能源信息管理局（EIA）的数据,私家车每年平均碳排放量为2~4t二氧化碳。这一数字远高于其他交通方式。个人交通方式的选择和行为,一定程度影响着资源的消耗、环境的污染和生态的平衡。为了减少交通碳排放,采取低碳出行策略变得至关重要。

为了减少交通碳排放,可采取低碳出行策略。

(1)选择公共交通工具:公共交通工具如公交车或地铁的碳排放量较低,每人每次出行的碳排放量通常只有私家车的几分之一。

(2)骑行或步行:根据世界卫生组织的研究,选择骑行或步行代替短途驾车,每次可以减少0.5~1kg的碳排放,同时还有益于身体健康。

(3)拼车与共享出行:拼车每次出行可以减少约30%的碳排放,因为多人共享一辆私家车减少了单个车辆的出行次数。

(4)使用电动汽车:根据国际能源署(IEA)的报告,电动汽车在行驶过程中不产生尾气排放,从而具有更低的碳排放。虽然电动汽车的生产和充电过程中也存在一定的碳排放,但总体上,其碳排放量要低于传统燃油车。

二、碳普惠

碳普惠是促进企业、家庭和个人碳减排的机制设计,利用数字化碳普惠平台,鼓励公众、企业自觉采取低碳生产生活方式并给予相应奖励。在这种机制下,个人及企业低碳行为形成的减排量,能够抵消自身碳排放、参与碳交易或转化为其他更为多元的激励,是消费端减碳的重要方式。

在碳普惠的框架下,个人参与碳减排和气候行动的途径多样,旨在促进环境与社会的可持续发展。个人可以通过支持和投资绿色项目来作出贡献,比如购买采用可持续生产方式的商品和服务,或者投资于绿色债券和基金等金融产品,这不仅资助了环保项目和可再生能源项目,还可能为投资者带来经济收益。此外,个人还可以通过日常生活中的节能减排措施来减少自己的碳足迹,例如使用节能灯泡、优化家庭能源使用,以及选择可再生能源供电的服务。这些行动不仅有助于减轻对环境的压力,还能推动社会向更加包容和绿色的发展方向前进。通过这些途径,每个人都能在推动全球减排目标的同时,参与到碳普惠中来,为建设一个更加可持续的未来作出贡献。碳普惠是数字碳中和的一种典型应用,它通过可视化展示各群体和个人对"双碳"目标的贡献。通过参与碳普惠计划,个人可以积极投身于碳中和行动,为实现国家"双碳"目标贡献自己的力量。

三、碳补偿

计算"碳足迹"的理念是"公众日常消费—二氧化碳排放—碳补偿"。它是一个综合性的过程,这个逻辑链条的起点是公众的日常消费行为。每个人在日常生活中都会进行各种消费活动,包括购买食品、衣物、电子产品等。这些消费行为不仅满足了个人的需求,同时也间接地导致了二氧化碳的排放。

在这个过程中,公众的消费行为通过不同的方式产生二氧化碳排放,计算碳足迹需要将这些消费行为的碳排放纳入考虑范围。而碳补偿则是这一逻辑链条的关键环节,碳补偿的概念是基于碳排放会导致气候变化的认识。当个人或组织产生碳排放时,例如通过能源消耗、交通方式或生产过程排放出的二氧化碳,会对全球气候产生负面影响。碳补偿的理念是通过投资环保项目或购买碳信用额度等方式,来减少或吸收等量的二氧化碳排放。这样,公众在消费过程中产生的碳排放可以得到中和,实现个人碳排放的减少和中和。碳补偿不仅有助于减缓全球气候变化的影响,还能激励公众更加关注自身的消费行为,从而作出更加环保的选择。举例而言,如果你乘飞机旅行2000km,那么你就排放了278kg的二氧化碳,为此你需要植3棵树来补偿;如果你用了100度电,那么你就排放了78.5kg二氧化碳,为此你需要植1棵树来补偿;如果你自驾车消耗了100L汽油,那么你就排放了270kg二氧化碳,为此你需要植3棵树来补偿(图6-3)。

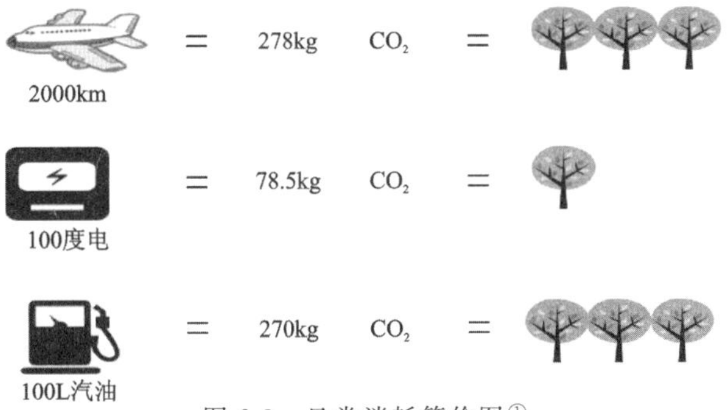

图6-3 日常消耗等价图[①]

实践碳补偿的方法有很多种,其中一种常见的做法是参与碳抵消项目,这些项目通常是通过吸收相当于个人或组织碳排放量的温室气体来实现碳补偿。如植树造林、参与可再生能源项目、安装高效家电以及改进能源效率等。

在实践碳补偿时,应选择可信赖和可验证的碳抵消项目。认证机构和标准可以提供第三方审核和验证,确保项目的可持续性和碳抵消效果的可靠性。此外,个人或组织也可以评估自己的碳足迹,并采取措施来减少碳排放。减少碳排放是更可持续和有效的策略。碳补偿应被视为一种补充措施,用于抵消无法避免的碳排放。

知识扩展:碳补偿、碳普惠与碳抵消三者异同

在应对全球气候变化和推动可持续发展的背景下,碳补偿、碳普惠和碳抵消成为构建低碳社会的重要工具和策略。这些概念各自具有独特的含义和应用场景,但它们之间又相互关联,共同为减少温室气体排放、促进绿色转型提供了有力的支持。

(一)碳补偿:实现碳平衡的中和行动

碳补偿是指个体或组织通过投资节能减排项目、购买碳排放权等方式,以减少或抵消自身产生的碳排放,从而实现碳平衡的过程。碳补偿的核心在于"中和",即通过减少或吸收等量的温室气体排放来补偿已经产生的排放。这既是对个人或组织环境负责的体现,也是减缓气候变化、减轻对环境影响的有效手段。

---

① 碳足迹计算的基本公式[EB/OL]. 中国碳排放交易网,2020-08-12[2024-08-20]. http://www.tanpaifang.com/tanzuji/2020/0812/73183.html.

(二)碳普惠:鼓励全社会参与碳减排的政策与行动

碳普惠则是一种政策导向和行动框架,旨在通过一系列的政策和措施,鼓励全社会广泛参与碳减排行动,推动低碳发展和绿色转型。碳普惠不仅关注大型企业和工业领域的减排,更强调个人、社区、中小企业等各个层面在碳减排中的积极作用。通过普及碳减排知识、提供减排技术和资金支持、建立激励机制等方式,碳普惠旨在形成全社会的碳减排合力,共同应对气候变化挑战。

(三)碳抵消:实现碳中和的具体实践

碳抵消则是通过特定的减排项目或活动,减少或吸收等量的温室气体排放,以抵消其他活动产生的碳排放。这些减排项目或活动包括植树造林、参与可再生能源项目、提升能效等。通过碳抵消,个体或组织可以补偿其无法直接减少的排放,从而实现碳中和的目标。碳抵消不仅是对环境负责的体现,也是推动绿色发展和可持续发展的重要手段。

(四)碳补偿、碳普惠与碳抵消的关联与互动

碳补偿和碳抵消在本质上是相似的,都是为了实现碳平衡或碳中和而采取的行动,在构建低碳社会相互关联、相互促进,共同为减少温室气体排放、促进绿色转型提供了有力的支持。它们的不同之处在于实施主体和行动方式。碳补偿通常是由个体或组织自发采取的行动,而碳抵消则更多地依赖于特定的减排项目或活动。然而,无论是碳补偿还是碳抵消,它们都是碳普惠的具体实践方式之一,是碳普惠的重要组成部分。

通过碳补偿和碳抵消等具体行动,可以推动碳普惠的实施,促进全社会的碳减排行动。同时,碳普惠的政策和措施也可以为碳补偿和碳抵消提供指导和支持,推动这些行动更加有效和可持续。

本章习题

(1)简述气候变化对全球生态系统和人类社会的主要影响有哪些。
(2)低碳生活方式如何帮助减缓全球变暖?请列举具体措施。
(3)为什么说个人行动在应对气候变化中同样重要?
(4)低碳消费的核心理念是什么?它如何促进资源节约和环境保护?
(5)个人碳足迹包括哪些方面?如何计算个人的碳足迹?
(6)环保时尚如何减少服装行业的碳排放?请举例说明。
(7)向低碳饮食转变对减少温室气体排放有何重要意义?
(8)交通方式选择如何影响个人碳足迹?请比较不同交通方式的碳排放量。
(9)什么是碳普惠机制?它如何激励公众和企业参与低碳行动?
(10)碳补偿与碳抵消的概念有何异同?它们在实现碳中和中的作用是什么?

第六章 个人的低碳行为与意识

本章小结

本章探讨了个人低碳行为与意识的重要性,强调了气候变化对全球环境和人类社会的深远影响。气候变化引发的极端天气、海平面上升、生态系统破坏和农业生产力下降等问题,不仅威胁自然环境,还对经济发展和公共健康构成重大挑战。因此,理解气候变化的紧迫性和采取个人行动的必要性,是每个人都应关注的议题。

本章还详细介绍了低碳消费与个人碳足迹的概念。低碳消费是指消费者在购买商品或服务时,关注其碳排放量和对环境的影响,选择碳排放量较低的商品或服务,从而减少对环境的影响,促进资源节约和环境保护。个人碳足迹则是指一个人在日常生活中直接或间接产生的温室气体排放总量,涵盖了交通出行、家庭能源使用、食品消费、商品和服务购买等多个方面。通过了解并计算个人碳足迹,每个人都可以采取措施来减少自己的碳排放。

此外,本章还探讨了个人碳中和的实现途径,包括环保时尚、低碳饮食、可持续交通等方面,以及碳普惠和碳补偿机制。碳普惠机制鼓励公众和企业自觉采取低碳生产生活方式,并给予相应奖励,而碳补偿则通过投资节能减排项目或购买碳排放权来抵消自身产生的碳排放。

第三部分

实施"双碳"战略的关键领域与路径

第七章 能源领域的转型与挑战

第一节 能源系统的基本构成

能源系统是人类社会经济系统的重要组成部分,为人类的生产和生活提供所需的能源。随着全球能源需求的不断增加和环境保护意识的日益增强,能源系统的转型和发展成为当前的重要议题。了解能源系统的基本构成及其运行规律,对实现碳中和目标、推动能源可持续发展具有重要意义。

能源系统主要包括能源资源、能源转换、能源输送和分配、能源消费等环节。

一、能源资源

能源资源是能源系统的基础,它们是自然界中可以被开发和利用以满足人类活动需求的自然资产。根据其形成过程和可再生性,能源资源可分为两大类:非可再生能源和可再生能源。

非可再生能源主要包括煤炭、石油、天然气等化石燃料和核能。这些能源是由地球历史上古生物遗留下来,经过长时间的沉积和地质作用形成的。它们的共同特点是储量有限,一旦消耗便无法在短时间内自然恢复。化石能源是目前全球最主要的能源来源,但由于长期以来对这些资源的大量依赖,导致了严重的环境污染和温室气体排放问题,加剧了全球气候变化的趋势,对环境造成负面影响。因此,减少化石能源的使用、提高利用效率是当前的重要任务。核能则是指通过核反应释放出来的能量,是一种高效、清洁的能源形式,但其开发和利用也存在一定的风险和挑战。

可再生能源包括太阳能、风能、水能(包括水电和潮汐能)、地热能、生物质能等。这些资源具有可再生性、清洁环保等特点,是实现能源系统转型和碳中和目标的关键。目前,太阳能和风能是最具代表性的可再生能源形式,其技术和市场应用已经取得了显著的进展。随着技术进步和成本降低,可再生能源在全球能源结构中的比例正在逐步增加。

能源资源的开发和利用直接影响到能源系统的可持续性。非可再生能源虽然在当前仍占有重要地位,但其对环境的负面影响促使世界各国寻求更加清洁、可持续的能源解决方案。相比之下,可再生能源因其环境友好和可持续性特征,正成为全球能源转型的重要推动力。

二、能源转换

能源转换是指将能源资源转化为适合人类使用的能源形式的过程。这包括一次能源转换和二次能源转换两个过程。

一次能源转换是指将煤炭、石油等化石能源或者核能等转换为电能或热能等形式的过程。这个过程通常涉及燃烧、核裂变等化学反应或物理反应。例如，火力发电站通过燃烧煤炭或天然气等化石燃料，将化学能转化为热能，再通过蒸汽轮机或燃气轮机等设备将热能转化为机械能，最后通过发电机将机械能转化为电能。核电站则是通过核裂变反应将核能转化为热能，再通过热交换器等设备将热能转化为机械能或电能等形式。

二次能源转换则是指将一次能源转换得到的电能或热能等形式进一步转换为适合人类使用的其他形式的能的过程，例如将电能转换为机械能等。这个过程通常涉及电动机、电解槽等设备的使用。例如，电动汽车通过电池存储电能，再通过电动机将电能转化为机械能，从而驱动车辆行驶。电解槽则是通过电解水等方法将电能转化为化学能，从而生产氢气等化学物质。

三、能源输送和分配

能源输送和分配是指将经过转换的能源输送到需要的地方，并分配给不同的用户或用途的过程。这包括输电、配电、供热、供气等多个环节。

在输电环节，需依赖高压输电线路将电能远距离输送至发电厂以外的地区。为确保电能的稳定与安全传输，变压器、断路器、隔离开关等设备在此过程中发挥着举足轻重的作用。为进一步提升输电效率并降低损耗，超导输电、直流输电等技术手段的应用显得尤为关键。

在配电环节，配电网络成为将电能分配至各用户的主要途径。在此过程中，配电变压器、开关柜、电缆等设备的使用对保障电能分配与供应的稳定性和安全性至关重要。而智能配电网、需求侧管理等技术的引入，则旨在优化配电效率并降低损耗。

在供热和供气环节，管道成为将热能和燃气输送至需求地区和用户的主要方式。为了确保热能和燃气的稳定与安全供应，锅炉、热交换器、管道等设备的作用不容忽视。同时还需借助集中供热、分布式能源等技术手段，提高供应效率并减少损耗。

四、能源消费

能源消费是指人类在生产和生活过程中使用各种能源的过程，涵盖了工业、交通、建筑、农业等众多领域的能源应用。

在工业领域，能源消费占据了主导地位，尤其是在高耗能行业如钢铁、有色金属、化工、建材等行业，能源消费量占比较大。这些行业需要大量的能源来驱动各种机械设备和生产过程，需要通过燃烧煤炭、石油等化石能源或者使用电力来驱动各种机械设备和生产过程。这个过程涉及各种燃烧设备、电动机、变压器等设备的使用，以保证生产过程的顺利进行。

交通领域的能源消费主要集中在各式交通运输工具的动力需求上，如汽车、飞机、火车等。随着人们生活水平的提高和城市化进程的加快，交通领域的能源消费也在不断增加。通过燃烧石油或者使用电力来驱动各种交通工具，这个过程涉及各种发动机、电池、电动机等设备的使用，以保证交通工具的正常运行。同时，为了提高交通效率和减少能源消耗与环境污染，逐步引入了公共交通、新能源汽车等手段。

在建筑领域内，能源消费主要体现在供暖、空调、照明、电梯等系统上。随着人们对舒适度和生活品质的要求不断提高，建筑领域的能源消费也在增加。通过燃烧天然气或者使用电力来提供照明、空调等服务。建筑领域的能源消费涉及各种灯具、空调设备、热水器等设备的使用，以保证建筑内部环境的舒适和安全。因此，推广节能建筑、使用高效节能设备等措施对降低建筑领域的能源消费具有重要意义。

农业领域则需要通过燃烧化石能源或者使用电力来驱动各种农业机械设备和生产过程，包括各种拖拉机、收割机、灌溉设备等的使用。农业领域的能源消费也在逐步优化，精准农业和可再生能源等措施在农业领域的应用，对提高农业生产效率、降低能源消耗和环境污染具有重要的作用。通过精准农业技术的应用，可以实现对农作物生长环境的实时监测和精准调控，提高农作物的产量和质量，减少资源浪费。同时，可再生能源的利用可以减少对传统化石能源的依赖，降低能源消耗，减少碳排放和环境污染，促进农村地区的能源自给自足，提高能源安全性。

第二节 能源领域转型进程

能源领域的转型是指在全球能源系统中进行深层次的、全方位的变革。这不仅仅是为了应对全球气候变化的挑战，更是为了实现人类社会的长期可持续发展。简单来说，能源领域的转型就是从传统的高污染、高能耗的能源体系，转变为清洁、高效、低碳的能源体系。能源转型是碳中和目标实现的核心路径之一。在碳中和背景下，能源转型意味着要实现从以化石能源为主的高碳能源体系向以可再生能源为主的低碳能源体系的转变。这涉及能源结构的调整、能源利用方式的改变和能源产业的升级等多个方面，显著呈现以下几个特点。

(1) 能源结构调整步伐加快。根据国家统计局的数据，从 2010 年到 2020 年，我国煤炭消费比重从 70.2% 下降到 56.8%，而清洁能源的消费比重从 13.1% 上升到 24.3%。其中，可再生能源的消费比重从 9.0% 上升到 12.8%[1]。根据《2030 年前碳达峰行动方案》，我国到 2030 年，非化石能源消费比重将达到 25% 左右，风电、太阳能发电总装机容量将达到 12 亿 kW 以上[2]。

(2) 能源利用方式正在转变。我国正在积极推进能源利用方式的转变，从传统的以燃烧为主的能源利用方式，逐步转变为以高效、清洁、低碳为主的能源利用方式。这包括推广节能技术、提高能源利用效率、发展智能电网和分布式能源等措施。根据国家能源局的数据，我国单位国内生产总值能耗从 2010 年的 0.83t 标准煤/万元下降到 2020 年的 0.56t 标准煤/万元，降幅达到 32.5%。我国已建成全球规模最大的清洁煤电供应体系，累计完成煤电节能改造超过 10 亿 kW，建成全球最大的清洁煤电供应体系。

根据《2030 年前碳达峰行动方案》，我国将大力推广新能源汽车，逐步降低传统燃油汽车在新车产销和汽车保有量中的占比。

---

[1] 国家统计局. 中华人民共和国 2020 年国民经济和社会发展统计公报[EB/OL]. 国家统计局, 2021-02-28.
[2] 国务院. 国务院关于印发 2030 年前碳达峰行动方案的通知[EB/OL]. 中国政府网, 2021-10-26.

(3)能源产业正在升级。我国正在积极推进传统能源产业的低碳化改造和转型升级,同时大力发展新能源产业和清洁能源产业。这包括发展新能源装备制造业、推广清洁生产方式、发展绿色金融和碳排放市场等措施。我国已经成为世界最大的光伏和风电设备制造国,光伏电池、风电装机等产量位居世界第一。根据国家发改委的数据,截至2021年底,我国已建成并网新能源装机规模达到6.99亿kW,其中风电装机规模达到3.28亿kW,太阳能发电装机规模达到3.06亿kW。

我国正在积极探索绿色金融和碳排放市场的发展,已经建立了全国碳排放权交易市场和绿色金融改革创新试验区。然而,我国能源领域转型也面临着一些挑战。首先,能源结构调整的难度较大。化石能源在我国能源消费结构中的比重仍然较高,同时可再生能源的开发和利用也面临着一些技术和市场方面的挑战。根据国家统计局的数据,尽管化石能源的消费比重正在下降,但在2020年其仍占据我国能源消费总量的84%。到了2021年,根据国家统计局信息,清洁能源消费占能源消费总量比重比上年同期提高了0.6个百分点,煤炭消费所占比重下降了0.2个百分点,显示出能源消费结构正在逐步优化,但化石能源依然占据主导地位。

可再生能源的开发和利用面临着一些技术和市场方面的挑战,如储能技术不够成熟、电网接入难题等。其次,能源利用方式的转变需要时间和投资。转变能源利用方式需要进行大规模的技术改造和设备更新,这需要大量的投资和时间。根据中国电力企业联合会的估计,要实现"双碳"目标,我国电力行业的投资需求将达到数万亿元人民币。新能源汽车的推广也需要大量的充电基础设施建设和社会接受度的提高。

最后,能源产业的升级也需要克服一些技术和市场方面的难题。例如,新能源产业的发展需要突破一些关键技术,同时还需要完善相关市场和政策环境。我国在新能源产业的一些关键技术上仍有待突破,如高效太阳能电池、风电叶片等。新能源产业的市场规模还需进一步扩大,同时也需要完善相关政策和法规来保障其健康发展。

第三节 能源转型的技术体系概述

在全球气候变化的严峻挑战下,能源转型已成为推动可持续发展和环境保护的关键举措。为实现碳中和愿景,能源领域的技术体系正在经历一场深刻的革新。这个技术体系主要由零碳电力系统、低碳/零碳终端用能技术、负排放技术和非CO_2温室气体减排技术四大类构成[1],它们的发展和应用对降低碳排放、提升能源利用效率、改善环境质量具有至关重要的作用。本书将对这些技术进行概述,旨在为能源转型的研究和实践提供有益的启示和参考,共同探索绿色、低碳、可持续的未来能源发展之路。

零碳电力系统是实现能源领域转型的重要组成部分之一。随着可再生能源在能源结构中的比重不断增加,电力系统需要适应大规模可再生能源的接入和运行。零碳电力系统是指通过可再生能源、核能等清洁能源的供应,实现电力系统的碳排放量为零。这需要对电力系

---

[1] 王灿,张九天,2022.碳达峰碳中和迈向新发展路径[M].北京:中共中央党校出版社.

统进行升级和改造,提高其灵活性和可靠性,以确保电力系统的稳定运行和供应。而低碳/零碳终端用能技术是实现能源领域转型的重要途径之一。这包括各种高效的节能技术、先进的电力电子技术、新型的供热和制冷技术等。通过推广和应用这些技术,可以实现终端用能的低碳化和高效化,减少能源浪费和环境污染。负排放技术作为实现能源领域转型的重要补充之一,包括碳捕获和储存技术、直接空气捕获技术等。通过这些技术,可以实现将大气中的二氧化碳等温室气体进行分离和储存,从而达到减少温室气体排放的目的。非CO_2温室气体减排技术也是实现能源领域转型需要考虑的因素之一。除了CO_2之外,还有其他温室气体对气候变化产生了影响,例如甲烷、氮氧化物等。因此,在能源领域的转型过程中,也需要考虑减少这些温室气体的排放,以实现全面的气候治理。

第四节 零碳电力系统

一、零碳电源技术

(一)太阳能光伏发电技术

太阳能是最受关注的可再生能源之一。太阳能光伏发电技术是利用太阳能光子的能量,通过光伏效应将光能转化为直流电能的发电技术。

从最早的硅基太阳能电池到薄膜太阳能电池和钙钛矿太阳能电池等,不断推动着太阳能电池的效率提升。太阳能电池和太阳能板的制造成本不断降低,主要是因为技术进步、大规模生产和创新的制造方法,使太阳能变得更加经济实惠。同时,新材料和新技术的应用不断推动太阳能行业的进步。例如,钙钛矿太阳能电池的出现,在提高效率的同时降低了制造成本,引起了广泛的关注。越来越多的国家和地区投资于大规模太阳能发电项目。这些项目利用太阳能板建设太阳能电站,为大范围地区提供清洁能源。太阳能技术日益智能化,例如用智能太阳能面板和监控系统,以提高效率并更好地整合到现有能源基础设施中。

在我国平均日照条件下安装 1kW 光伏发电系统,1 年可发电 1200kW·h,可减少煤炭(标准煤)使用量约 400kg,减少二氧化碳排放约 1t。根据世界自然基金会(World Wide Fund for Nature,WWF)研究结果,从减少二氧化碳效果而言,安装 $1m^2$ 光伏发电系统相当于植树造林 $100m^2$,目前发展光伏发电等可再生能源是从根本上解决雾霾、酸雨等环境问题的有效手段之一。地球表面接受的太阳能辐射能够满足全球能源需求的 1 万倍,地表面每平方米平均每年接收到的辐射随地域不同在 1000~2000kW·h 之间,国际能源署数据显示,在全球 4% 的沙漠上安装太阳能光伏系统就足以满足全球能源需求。

2022 年,全球光伏系统集成与应用呈现出大范围、多场景、多模式和高水平的态势。集中式与分布式兼容并存,光伏系统逐渐展现出"水(海)升空"的新趋势。"光伏+"应用场景不断丰富,光伏制氢等新业态成为促进全球光伏集成消纳的新模式。根据中国光伏行业协会的数据,全球新增光伏装机容量从 2011 年的 30.2GW 增长至 2022 年的 230GW,年复合增长率 20.27%。2022 年全球光伏累计装机容量突破 1100GW,光伏装机量大幅上升。

与此同时,我国光伏发电也迎来新机遇,2022年我国新增光伏并网装机容量87.41GW,累计光伏并网装机容量达到 392.6GW,新增和累计装机容量均为全球第一。全年光伏发电量为4276亿kW·h,同比增长30.8%,约占全国全年总发电量的4.9%。我国仅利用现有的建筑安装光伏发电,其市场潜力就为3万亿kW以上,再加上西部广阔的戈壁,光伏发电市场潜力为数十亿千瓦以上,随着光伏发电的技术进步和规模化应用,其发电成本还将进一步降低,成为更加具有竞争力的能源供应方式,逐步从补充能源到替代能源并极有希望成为未来的主导能源①。近年来,在能耗双控转向碳排双控、整县推进、电价市场化改革等VPP (Virtual Power Plant,虚拟电厂)背景下,分布式光伏市场正呈现新的发展变化。

在政策引导驱动下,国家科技计划和社会资金的共同支持为光伏技术发展提供了强大推力,使得我国光伏技术得以迅速发展,并达到国际领先水平。这一领域不仅成为我国推动能源变革的重要引擎,还在国际竞争中展现出强大的实力。在实验室效率方面,我国光伏技术取得了显著进展。例如,隆基绿能公司的异质结(Hetero Junction Technology,HJT)电池效率达到了26.81%,南京大学的全钙钛矿叠层太阳电池效率也达到了29.0%。此外,铜锌锡硫基电池效率高达13.6%,有机电池、硒(硫)化锑电池、砷化镓电池、量子点电池等也达到了世界先进水平。这些成果为光伏产品在航空航天、低碳建筑、柔性电子等领域的应用提供了坚实的技术储备。在产业化技术方面,晶体硅电池的进展尤为突出。TOPCon电池已实现规模量产,异质结电池则导入了微晶技术。三氯氢硅法、硅烷法技术的能耗指标达到了国际先进水平。单晶硅棒的长度已突破5000mm,单晶硅片有着大尺寸、n型化、薄片化方向发展。

在光伏发电标准和测试技术方面,我国已发布超过120项光伏发电相关国家标准和行业标准,并深入参与国际标准的编制工作。这些标准的发布为提升光伏部件及系统运行性能评价的准确性提供了有力支持。

目前,我国的太阳能光伏产业已经形成了完整的产业链(图7-1),并且在技术水平、生产成本等方面具有竞争力。随着技术的不断进步和成本的降低,太阳能光伏发电在我国的应用前景十分广阔,可以用于分布式发电、大型光伏电站、光伏扶贫等领域。例如,我国已经在青海、甘肃等地建设了多个大型光伏电站,为当地提供了清洁的电力供应。同时,分布式光伏也在居民屋顶、工业园区等地得到了广泛的应用,为减少碳排放做出了积极贡献。

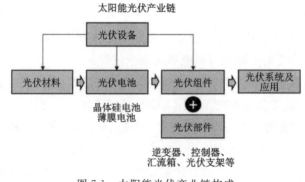

图7-1 太阳能光伏产业链构成

---

① 中国光伏行业协会.全球新增光伏装机容量增长数据[EB/OL].腾讯网,2023.

(二)风力发电技术

风力发电技术是利用风力驱动风力发电机组转动,将风能转化为电能的发电技术。风力发电机组主要由风轮、发电机、塔筒等部分组成。风轮是风力发电机组的核心部件,其主要作用是将风能转化为机械能。发电机的作用是将机械能转化为电能。塔筒则用于支撑风轮和发电机,以便在风力的作用下转动。

在国家政策的引导和国内外市场的驱动下,我国已经成为全球最大的风力发电装机国家,总装机容量突破300万kW。技术水平的逐步提升和创新能力的不断增强,使得我国在风力发电机组的自主研发方面取得了显著成就,包括水平轴和垂直轴风力发电机组。随着技术的不断进步和成本的降低,风电场建设规模日益扩大,一些超大型风电场不仅成为全球之最,还分布在风能资源丰富的东部和北部地区,如内蒙古的锡林郭勒盟、呼伦贝尔,以及新疆的达坂城、哈密等重要风电基地。这些地区利用丰富的风力资源进行发电,为当地提供清洁、可再生的电力,同时减少对传统化石能源的依赖和碳排放。

此外,我国在技术创新方面也取得了突破,研发了适用于低风速地区的低风速风力发电机组,并致力于发展智能化控制系统,以实现更精确的控制和优化风力发电机组的性能。海上风电也在江苏、广东等地得到广泛应用,如江苏的南通、盐城和广东的汕头、湛江等地,进一步提高了当地能源的自给能力。这些成就不仅为我国能源结构调整和可持续发展做出了积极贡献,而且为全球风力发电技术的发展提供了宝贵的经验和启示。

(三)水力发电技术

水力发电技术是利用水流驱动水轮机转动,将水能转化为电能的发电技术。水力发电站主要由水轮机、发电机、水坝等部分组成。水轮机是水力发电站的核心部件,其主要作用是将水能转化为机械能。发电机的作用是将机械能转化为电能。水坝则用于拦截河流,形成水库,以便调节水流和储存水能。根据中国国家能源局的数据,截至2022年底,中国的水电总装机容量超过了4亿kW,占全球水电总装机容量的约1/3[①]。近年来,我国水电累计装机容量有逐年增加的趋势,截至2023年上半年,我国水电累计装机容量为4.18亿kW,较2022年底新增536万kW[②]。

在当前的全球能源转型背景下,中国的水力发电技术已经发展到世界领先水平。这一成就得益于持续的技术创新、成本控制和对可再生能源应用场景的不断拓展。水力发电作为一种成熟且清洁的可再生能源技术,在我国的应用范围正日益扩大,涵盖了大型水电站、抽水蓄能电站和潮汐能发电等多个领域。

具体而言,我国在长江、黄河等主要河流上成功建设了众多大型水电站。这些水电站不仅极大地丰富了我国的清洁能源供应,而且有效地促进了当地经济社会的可持续发展。值得

---

① 中国国家能源局,2022.2022年中国能源发展报告[M].北京:中国电力出版社.
② 中国国家能源局,2023年上半年全国可再生能源并网运行情况[EB/OL].(2023-07-31)[2023-11-20].https://www.nea.gov.cn/2023/07/31/c_1310734825.htm.

一提的是,三峡大坝作为世界上最大的水电站之一,其设计安装容量达到了22 500GW,展示了中国水力发电技术的卓越成就。

此外,抽水蓄能电站作为一种重要的储能技术,在广东、江苏等地区也得到了广泛应用。通过在用电需求低谷期抽水上蓄,然后在高峰期释放水流发电,这些电站有效地平衡了电网负荷,同时也为减少碳排放做出了重要贡献。

(四)生物质能发电技术

生物质能发电技术是利用生物质资源(如农林废弃物、生活垃圾等)进行燃烧或发酵产生热能或生物燃气,进而转化为电能的发电技术。

生物质能发电系统主要由生物质燃料处理系统、燃烧或发酵系统、热能或生物燃气转化系统等部分组成。生物质燃料处理系统的主要作用是对生物质燃料进行破碎、干燥、筛分等预处理,以便提高燃烧或发酵效率。燃烧或发酵系统的主要作用是将生物质燃料进行燃烧或发酵产生热能或生物燃气。热能或生物燃气转化系统的主要作用是将热能或生物燃气转化为电能。

目前,我国在生物质能发电领域虽然已经取得了一定的进展,但总体上还处于起步阶段。随着技术的不断进步和成本的降低,生物质能发电在我国的应用前景十分广阔,可以用于分布式发电、大型生物质能电站、生物质能供热等领域。目前,我国已经在山东、江苏等地建设了多个生物质能电站,为当地提供了清洁的电力供应。同时,生物质能供热也在北方地区得到了广泛的应用,为减少碳排放做出了积极贡献。

(五)氢能

氢能作为一种清洁能源备受瞩目,特别是在交通运输和工业领域。氢燃料电池的成本在下降,氢气制备和储存技术也在不断创新。

绿色氢是指使用可再生能源或核能等清洁能源生产的氢气。水电解技术和光电解技术的进步使得绿色氢的生产成本不断降低。同时,高温氧化铁氧体等新型电解技术也为氢能生产提供了新的途径。高压氢气储存技术、液态氢储存技术和固态氢储存技术不断改进,提高了氢气的存储密度和安全性。在氢能运输方面,氢气管道和液态氢运输技术也得到了一定程度的发展。氢燃料电池作为氢能利用的重要方式,其效率不断提高,同时材料和制造工艺的改进降低了成本。氢燃料电池车辆的商业化应用不断推进,克服了一些技术挑战。

这些进步表明氢能技术在能源转型和减少碳排放方面具有巨大潜力。尽管还面临着成本、技术和基础设施建设等挑战,但氢能技术的不断进步为可持续能源转型提供了一种重要的解决方案。

(六)核能发电技术

核能发电技术是利用核裂变或核聚变反应产生的热能,通过蒸汽轮机或燃气轮机转化为机械能,进而转化为电能的发电技术。核能发电作为一种高效且清洁的能源供应方式,在全球范围内受到重视。随着全球对减少温室气体排放和实现碳中和目标的共识加深,核能发电因其低碳特性成为关键技术之一。不同国家根据自身能源需求、技术水平和政策导向,采取了不同的核能发展策略。法国依靠核能发电满足其大部分电力需求,我国和印度等国则将核能作为能源多元化战略的一部分,积极推进新核电站的建设。相较于风能、太阳能等清洁能源在发电源头上具有波动性、间歇性的特点,核能发电大幅提升了灵活性,提供可调节电力,弥补电力缺口。与其他清洁能源互为补充、协同发展将是核能发电未来的发展方向。

科技进步使核能发电技术也在不断发展。第三代核电技术以其更高的安全性和经济性受到关注。欧洲压水反应堆(European Pressurised Reactor,EPR)和AP1000反应堆等,具有更高的安全标准和更长的运行周期。同时,小型模块化反应堆(Small Modular Reactor,SMR)因其建设周期短、资金投入相对较低、可在偏远地区或小规模电网中使用等优势,被视为核能发电技术未来发展的重要方向之一。我国在核能发电领域已经取得了显著进展,目前已建设多座核电站,并成功应用于广东、福建等地,为当地提供清洁的电力。核电站的核心部件包括反应堆、冷却系统、蒸汽轮机和发电机,其中反应堆负责进行核裂变或核聚变反应以产生热能,冷却系统将这一热能导出并冷却,蒸汽轮机将热能转化为机械能,最后发电机将机械能转化为电能。此外,为确保安全运行和有效的废物处理,核电站还配备了放射性废物处理系统等辅助设施。

尽管核能发电具有众多优点,但其安全性和放射性废物处理问题仍是公众关注的焦点,历史上的一些核事故更是加深了这种担忧。因此,提高核电站的安全性和开发更高效的放射性废物处理技术成为核能可持续发展的关键。通过采用先进的反应堆设计、加强操作人员培训、建立严格的安全监管体系,以及采用地质处置、再处理和回收技术等措施,可以有效提升核电站的安全性并减少环境影响。随着技术的不断进步和安全性的提高,核能发电被广泛应用于大型核电站和小型模块化核电站等领域。然而,加强对核安全的研究和管理仍然至关重要,以确保核能的发展不会对人类和环境造成危害。

在实现碳中和目标的过程中,核能发电与风能、太阳能等可再生能源之间的互补和协同将变得尤为重要。核能发电可以提供稳定的基荷电力,而可再生能源则可以根据自然条件变化提供电力。通过优化能源结构和提高智能电网技术,可以实现不同能源形式之间的有效配合,从而提高整个电力系统的稳定性和可靠性。

二、储能技术

随着可再生能源的发展,储能技术变得至关重要。电池技术的进步、超级电容器、压缩空气储能、水泵储能等新型储能技术的出现,为能源储存提供了更多选择,并提高了储能系统的效率和可靠性。

在电力系统的储能应用中,大规模储能系统被用于电网中,平衡电力供需,提高系统稳定性。例如,锂离子电池、压缩空气储能等技术被用于电网储能项目(图7-2)。太阳能和风能也有配套的储能系统,在可再生能源(如太阳能和风能)产生的电能储存方面,储能技术起到重要作用(图7-3)。储能系统帮助调节可再生能源的波动性,提供连续稳定的电力供应。储能技术在交通运输领域也有相应发展,电动汽车和混合动力汽车中的电池储能系统是最常见的储能技术应用;锂离子电池、超级电容器等被用于储存和释放能量,驱动电动汽车;储能技术也被用于地铁和轨道交通系统,例如将回收的制动能量,再利用到加速运行中。储能技术在工业和商业领域同样也有着广泛应用。商业用途中的储能系统用于管理能源消耗,提高能源效率,并参与电力市场交易;储能技术在商业建筑和大型工业设施中也有着广泛的应用。储能技术用于提供备用电源,保障设施在电力中断时的持续运行,例如在医院、数据中心等场所。

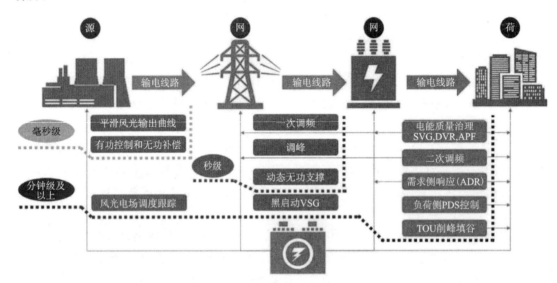

图 7-2 电力储能技术的应用

图 7-3 风能储存技术

三、智能电网

智能电网是电力系统的一种现代化形态,建立在集成的、高速双向通信网络的基础上,通过先进的传感和测量技术、先进的设备技术、先进的控制方法和先进的决策支持系统技术的应用,实现电网可靠、安全、经济、高效、环境友好和使用安全的目标。其主要特征包括自愈、激励和保护用户、抵御攻击、提供满足用户需求的电能质量、容许各种不同发电形式的接入、启动电力市场,以及资产的优化高效运行。

智能电网和微电网是电力系统领域的两个重要发展方向,它们代表着电力系统技术的先进发展和未来走向。智能电网和微电网技术的推广应用,提高了能源分布、管理和利用的智能化水平。这种技术允许更多的分散式能源资源(如太阳能和风能)被更有效地整合进能源网络。

智能电网是一种基于先进通信、控制和信息技术的现代化电力系统,旨在提高电力系统的效率、可靠性和可持续性。它能够实现对电力生产、传输、分配和消费的智能化管理和优化。智能电网利用物联网(IoT)、大数据分析、人工智能(AI)、云计算等技术,实现设备间的实时通信、数据采集和智能控制。它具备分布式能源管理、电力系统自愈能力、用户参与度高等特点。智能电网提高了能源利用效率,降低了供电成本,促进了可再生能源的大规模接入。它的应用包括智能电表、智能配电、智能储能、智能电网监控系统等。

微电网是一个可以独立运行或与主电网连接的小型电力系统,可以包括分布式能源资源、储能设备和负荷。它允许在断电情况下独立供电,也可以与主电网互联共享或交换能量。微电网采用可再生能源(如太阳能和风能)、储能技术和先进的控制系统,能够实现在本地范围内管理能源供需平衡。它具备自主运行、弹性高、可靠性强等特点。微电网可以为偏远地区、岛屿、工业园区和军事基地等提供可靠的电力供应。它的应用包括小型城市、学校、商业建筑、住宅区等。从储能的角度出发,储能技术在微电网中用于平衡不同能源来源,确保系统的稳定性和可靠性。在没有稳定电网供应的偏远地区,储能技术可以存储发电机或太阳能等小型发电系统产生的电能,提供可靠的电力供应。

这两种电力系统的发展代表了未来电力系统的方向,有助于提高电力系统的可持续性、灵活性和可靠性。智能电网和微电网的应用推动了能源技术的创新和电力系统的智能化,为电力行业的发展带来了新的机遇和挑战。

(一)传感测量技术

传感测量技术是智能电网中的关键技术之一,它利用各种传感器、测量仪表和数据采集设备,对电力系统的运行状态和数据进行实时监测和测量。传感测量技术为电力系统的控制和调节提供了准确的数据支持,是实现智能电网智能化管理的基础。

目前,传感测量技术通过各种传感器、测量仪表和数据采集设备的形式被广泛应用于电力系统的监测和测量中。这些设备可以实时监测电力系统的运行状态和数据,为电力系统的控制和调节提供准确的数据支持。同时,随着物联网、人工智能等技术的不断发展,传感测量技术的智能化程度不断提高,可以更加精准地监测和测量电力系统的运行状态和数据。随着技术的不断进步和应用场景的不断变化,传感测量技术将面临更多的挑战和机遇。需要通过进一步提高传感器的精度和可靠性,降低功耗和成本,以适应智能电网的发展需求。

(二)通信技术

通信技术是智能电网中的另一项关键技术,它实现了各种设备之间的信息交互和协同工作。智能电网需要具备高速、双向的通信能力,以满足不同场景下的通信需求。

通信技术在智能电网中实现了各种设备之间的信息交互和协同工作。随着5G、6G等新一代通信技术的不断发展,智能电网的通信能力不断提升,可以实现更高效、更稳定的数据传输和信息共享。同时,网络安全和隐私保护等问题也得到了越来越多的关注,智能电网的通信安全可靠性得到了不断提高。进一步提高通信技术的速度和稳定性是通信技术未来的发展目标和方向,应通过加强网络安全和隐私保护,以适应智能电网的发展需求。

(三)信息技术

信息技术是智能电网中的核心技术之一,它利用先进的数据处理技术、数据挖掘技术、人工智能技术等,对电力系统的运行数据进行高效处理和分析,提取有用的信息,为决策提供支持。信息技术通过各种数据处理技术、数据挖掘技术、人工智能技术等被广泛应用于电力系统的运行数据分析和决策支持中。通过信息技术,智能电网可以实现更加精准的需求预测、能源调度和优化,提高电力系统的运行效率和可靠性。

通过各种数据处理技术、数据挖掘技术、人工智能技术等,信息技术可以对电力系统的运行数据进行全面分析和深度挖掘,提取出有用的信息,为电力系统的运行决策提供支持。例如,利用数据挖掘技术,可以对电力系统的历史运行数据进行分析,预测未来的电力需求和能源调度情况,为电力系统的优化调度提供决策支持。

未来,随着云计算、大数据、人工智能等技术的不断发展,信息技术将在智能电网中发挥更加重要的作用。云计算和大数据技术的应用,可以使得电力系统的运行数据得到更加高效的处理和分析,提高数据处理的能力和效率。人工智能技术的应用,可以使得电力系统的运行决策更加智能化和精准化,提高电力系统的运行可靠性和经济性。

为了适应智能电网的发展需求,需要进一步提高信息技术的智能化程度和数据处理能力。具体而言,需要加强信息技术的研发和创新,提高信息技术的智能化程度和自适应能力,以满足不同场景下的数据处理和决策支持需求。同时,还需要加强信息技术的安全性和可靠性,确保数据处理和分析过程的准确性与可靠性。

(四)控制技术

控制技术是智能电网中的另一项关键技术,它通过对电力系统的运行状态与需求进行实时监测和分析,对电力设备进行智能控制和调节,以实现电力系统的稳定运行和高效利用。控制技术是智能电网的重要组成部分,它与传感测量技术、通信技术和信息技术相互协作,共同实现电力系统的智能化管理和高效运行。

通过控制技术,智能电网可以实现更加精准的设备控制和调节,提高电力系统的稳定性和可靠性。具体而言,控制技术可以根据电力系统的实时运行状态和需求,对电力设备进行智能调节和控制,确保电力设备的正常运行和电力系统的稳定运行。同时,控制技术还可以实现电力系统的优化调度,提高电力系统的运行效率和经济性。

目前,各种电力电子技术、控制算法等被广泛应用于电力系统的设备控制和调节中。这些技术的应用,使得电力系统的设备控制和调节更加精准与高效,提高了电力系统的稳定性和可靠性。未来,随着控制技术的不断发展和应用场景的不断变化,需要进一步提高控制技术的智能化程度和自适应能力,以适应智能电网的发展需求。具体而言,需要加强对控制技术的研发和创新,提高控制技术的智能化程度和自适应能力,以满足不同场景下的设备控制和调节需求。同时,还需要加强控制技术的安全性和可靠性,确保电力设备的正常运行和电力系统的稳定运行。

四、低碳/零碳终端用能技术

低碳/零碳终端用能技术是推动绿色低碳发展的关键所在,其中包括节能技术、电气化技术、燃料替代技术和产品替代与工艺再造技术等。具体来说,节能技术通过提高能源利用效率,减少能源消耗,从而降低碳排放。随着全球能源资源的日益紧缺和环境保护意识的增强,节能技术的重要性愈发凸显。电气化技术则通过推广电气化设备和应用,减少对传统化石能源的依赖,从而降低碳排放。燃料替代技术通过替换传统化石能源,利用清洁、可再生能源,可以有效降低碳排放,推动绿色低碳发展。产品替代与工艺再造技术通过研发和推广低碳、零碳产品和工艺,替代传统高碳产品和工艺,从而降低碳排放。

这些技术在不同领域的应用,不仅可以提高能源利用效率,减少能源消耗,降低碳排放,还可以促进经济的绿色低碳发展。未来,随着技术的不断进步和应用场景的不断变化,我们需要进一步加强这些技术的研发和推广,提高它们的普及程度和应用效果,以推动绿色低碳发展的进程。

五、循环经济模式

循环经济模式是低碳/零碳终端用能技术通过推广循环经济理念和实践,实现资源的高效利用和废弃物的减量化、资源化,从而降低碳排放,保护环境,促进可持续发展。这是一种旨在最小化浪费和最大化资源利用的经济系统。在零碳电力系统的背景下,循环经济模式不仅关注能源的有效利用,还强调能源生产和消费过程中的碳排放减少,以实现环境的可持续性和经济的长期发展。

循环经济模式主要体现在废弃物回收、再生利用、资源化等方面。通过构建废弃物回收利用体系,实现废弃物的减量化、资源化和无害化处理,可以将废弃物转化为有价值的资源,减少废弃物的排放和对环境的污染。同时,循环经济模式也体现在生产工艺的改进和优化上。通过采用循环经济理念,实现生产过程中的废弃物减量化和资源化,可以提高生产效率,降低能耗和排放,提高企业的经济效益和环境效益。

推广循环经济模式需要政府、企业和社会各界的共同努力。政府需要制定相关法规和政策,鼓励和支持循环经济的发展,为企业提供必要的政策支持和引导。企业需要加强技术研发和创新,采用循环经济理念和技术,实现生产过程的绿色化和可持续化。同时,社会各界也需要加强宣传和教育,提高公众的环保意识和循环经济意识,推动循环经济的广泛发展和应用。通过进一步提高循环经济模式的普及程度和实施效果,加强废弃物回收利用体系的建设和完善,提高资源利用效率和废弃物减量化、资源化水平是必由之路。同时,加强循环经济模式的研发和推广,提高企业和社会的循环经济意识,对推动绿色低碳发展具有重要意义。

本章习题

(1)智能电网如何提高能源体系中电力稳定性和供电服务质量?

(2)零碳电力系统实现零碳目标的关键技术有哪些?

(3)循环经济模式如何帮助实现零碳目标?

(4)我国风力发电技术的应用现状和发展前景如何。讨论风力发电在推动绿色低碳发展中的作用。

(5)哪些地区是我国重要的风电基地?请分析这些地区选择作为风电基地的优势和潜力。

(6)论述循环经济模式在低碳/零碳终端用能技术中的地位和作用。分析循环经济模式如何实现资源的高效利用和废弃物的减量化、资源化。

(7)讨论循环经济模式在生产工艺改进和优化方面的具体实践。分析这些实践对企业经济效益和环境效益的影响。

(8)政府在推广循环经济模式中发挥了怎样的作用?请提出具体的政策建议以支持循环经济的发展。

(9)企业在推广循环经济模式中应扮演怎样的角色?请结合材料文本,提出企业可以采取的具体措施。

(10)分析社会各界在提高公众环保意识和循环经济意识方面可以采取的措施。讨论这些措施对提高循环经济模式普及程度和实施效果的作用。

(11)探讨进一步提高循环经济模式的普及程度和实施效果的必要性和途径。提出具体的建议或方案。

本章小结

本章主要对能源的基本构成、能源领域的转型进程、能源转型技术体系、零碳电力系统以及低碳/零碳终端用能系统等方面进行了详细的介绍和探讨。通过本章的内容,我们可以对当前的能源形势和未来的发展趋势有更深入的了解。

能源的基本构成是现代能源体系的基础,化石能源、核能、可再生能源等不同的能源类型各有其优缺点和适用范围。随着环保意识的提高和能源资源的紧张,能源领域的转型进程逐渐成为全球各国的重要议题。这一进程的主要目标是实现能源的清洁、高效、安全和可持续,以满足经济社会发展的需要。

能源转型技术体系是实现能源转型的关键,包括清洁能源技术、节能减排技术、能源储存技术等。这些技术的发展和应用,将有助于推动能源结构的优化和能源利用效率的提升。

零碳电力系统是未来能源体系的重要组成部分,通过发展可再生能源、智能电网等技术,可以实现电力系统的低碳化甚至零碳化。这将有助于减少温室气体排放,保护环境,促进可持续发展。

低碳/零碳终端用能系统也是未来能源体系的重要一环,通过推广节能技术、发展绿色建筑、鼓励低碳交通等方式,可以实现终端用能的低碳化和零碳化。这将有助于提高能源利用效率,减少能源消耗,降低碳排放。

第八章　工业领域的绿色转型

第一节　工业碳排放现状与趋势

联合国环境规划署（United Nations Environment Programme，UNEP）的《2023年排放差距报告》指出，从2021年到2022年，全球温室气体排放量增加了1.2%，达到创纪录的574亿t二氧化碳当量。所有行业，除了交通运输业外，都已从2019年新冠肺炎疫情导致的排放量下降中全面反弹，目前已超过2019年的水平[1]。这表明，在经历了COVID-19疫情初期的排放减少之后，中国工业生产迅速恢复，能源消耗和碳排放量也随之增加。

根据国际能源署（IEA）发布的《中国能源体系碳中和路线图》执行摘要，我国在其非凡的经济现代化征程中，能源消耗和碳排放量急剧增加。尤其是在工业领域，中国是全球最大的钢铁和水泥生产国，这两个行业是中国最大的碳排放源[2]。

根据能源与清洁空气研究中心（CREA）的分析，中国碳排放的快速增长与政府应对新冠肺炎疫情所采取的经济刺激政策有关。2020年因疫情影响，部分指标基数大幅下降，而2021年数据与2019年同期数据比较显示，碳排放量已经出现了显著增长[3]。

"十四五"期间，钢铁行业面临提前达峰的压力。部分大型央企计划在2025年前实现碳达峰，并在2030年左右将碳排放降低30%。随着我国经济转向高质量发展，钢铁需求减少，但供给仍增长，导致产能过剩。消除过剩产能可以减少能耗和碳排放。兼并重组是重要方式，如宝钢集团有限公司与武钢集团有限公司合并形成中国宝武钢铁集团有限公司，专注中高端产能，优化生产结构。传统炼铁用焦炭产生大量碳排放，北欧的HYBRIT项目用氢气替代焦炭，实现零碳排放。我国氢能炼铁技术仍在起步，但未来有望成为减碳突破口。此外，CCUS技术在钢铁行业逐步推广，通过捕集和利用二氧化碳，提高能源效率，并降低成本。

在水泥行业，我国作为全球最大的水泥生产国，2020年在全球水泥产量大幅降低的情况下，我国承担了全球73%的水泥产量。这也是我国水泥行业碳排放量居高不下的重要原因。与钢铁行业一样，水泥行业也面临巨大的减排压力。统计数据显示，水泥行业50%的二氧化碳排放来自石灰石煅烧反应，40%来自窑内加热煅烧过程中化石燃料的燃烧，剩下的10%则

---

[1] 联合国环境规划署（UNEP）.《2023年排放差距报告》[EB/OL].
[2] 国际能源署（IEA）.《中国能源体系碳中和路线图》执行摘要[EB/OL].
[3] Myllyvirta l, Zhang x. China's 14th five-year plan: a missed opportunity to chart a path to carbon neutrality[EB/OL]. (2021-03-05)[2023-11-20]. https://energyandcleanair.org/china-14th-five-year-plan-carbon-neutrality/.

来自设备运行、电力消耗,以及原材料的开采和运输。因此,水泥行业的脱碳工作主要集中在这几个环节。

石化化工行业也是工业碳排放的重要来源之一,主要由于该行业在生产过程中大量使用石油、天然气和煤炭等化石燃料,导致碳排放总量居高不下。数据显示,该行业的二氧化碳排放量约占全国工业碳排放的15%。行业内生产工艺复杂,包括炼油、乙烯、丙烯和合成氨等多个环节,每个环节都伴随着大量的能源消耗和二氧化碳排放。例如,炼油和乙烯生产过程中产生的二氧化碳排放分别占到总排放量的30%和20%。尽管部分企业开始尝试使用清洁能源和可再生能源,但整体上仍高度依赖传统化石燃料,使得减排任务艰巨。然而,随着技术进步和环保政策的推动,部分企业开始采用先进的节能减排技术,如高效催化剂、低碳工艺流程和二氧化碳捕集、利用与封存(CCUS)技术,为行业减排提供了新的路径和潜力。例如,通过应用 CCUS 技术,部分企业已经实现了每年减少数百万吨二氧化碳排放的目标。

第二节 工业碳中和路径

工业要实现碳达峰与碳中和,电力、热力、燃气及水生产和供应业、钢铁行业、水泥行业、石化化工行业为代表的重点工业行业的减排路径尤为关键。从结果来看,"十四五"期间部分重点工业行业产能已经达到或接近达到峰值,随着遏制"两高"(高耗能、高排放)项目的政策实施和节能降碳技术的推广应用,各重点工业行业有望在"十五五"期间达峰,但由于各重点行业的生产产量、工艺流程具有显著差异,需积极稳妥推进行业梯次达峰,从而带动工业整体达峰。在碳达峰目标的约束下,电力、热力、燃气及水生产和供应业作为二氧化碳排放量最大的工业部门,将在工业碳达峰中起到重要的作用。钢铁行业工业排放较高,以长流程转短流程为代表的冶金工艺的流程转变与终端电气化比例提升是钢铁行业短期与中期重要的二氧化碳减排手段,随着未来中国钢铁储量的持续上升,废钢回收利用率的不断提高,2030年中国基于废钢的电弧炉钢铁冶炼占比提升至20%~25%。石化化工行业中,随着一批年产量千万吨级的炼化项目逐渐落成,预计"十四五"和"十五五"时期中国石化产业还会有一定规模的扩张,因而行业整体达峰时间将略晚于钢铁,未来需要继续调整原料结构,控制新增原料用煤,拓展富氢原料来源,推动原料轻质化。由水泥行业碳排放全过程分析可知,熟料煅烧环节的碳排放占比95%以上,主要来自碳酸盐原料在煅烧过程中分解产生的CO_2(过程排放)和化石燃料燃烧(燃烧排放)。熟料消费量变化是引起水泥行业碳排放总量变化的最大影响因素,水泥行业减少碳排放主要的技术路径包括:现有工艺设备的极致能效提升;基于原料替代的低碳水泥技术;针对煅烧环节燃煤排放问题的燃料替代;针对末端处置的二氧化碳捕集、利用与封存(CCUS)技术。根据水泥行业现状、技术发展前景和市场准备等条件,这4类技术发挥主力作用的时期有所不同,近期减排技术寄望于现有工艺设备极致能效提升改造,中远期技术突破寄希望于原/燃料替代和 CCUS 技术。

工业领域作为碳排放的主要来源,并且也是化石能源消费的重点领域,在实现"双碳"战略目标过程中至关重要。中国要实现工业领域碳达峰,必须从政策、能源、技术、碳交易市场等多角度提出系统的应对方案,探索具有中国特色的工业领域"双碳"实现路径,具有重要的现实意义。

一、政府引导与体系构建

我国实行的是"由上而下"的碳减排机制,在政府的指导和调控下,有关部门和企业采取相应的减排措施,而且通过政策引导更有利于提升能源利用效率和碳减排的效果。相关研究表明,亚洲是工业减排成本最低的区域,负成本的减排潜力为51%,低成本的减排潜力为13%,为使工业领域的减排潜力得到充分发挥,需要不断完善相关制度设计。工业领域碳达峰需要多行业协同耦合,在"1+N"政策的指导下,需要跨学科、跨行业的专业队伍进行战略研究,从顶层设计到系统规划,进而完善引导与鼓励性政策,逐步构建有利于绿色低碳发展的法律体系,完善工业领域碳达峰的部门规章制度,并且加快健全工业领域的标准和计量体系,逐步实现工业领域碳达峰碳中和。

二、加快能源结构优化与节能提效

一是要加快能源结构优化。2022年中国能源消费总量54.1亿t标准煤,比上年增长2.9%。中国正处在以煤炭为主的高碳能源结构下,工业化生产必然会带来大量的碳排放。化石能源作为工业领域发展的关键因素,实现我国能源结构逐步向清洁低碳化调整是工业领域实现碳达峰目标的关键路径。中国大力推动非化石能源的生产和使用,2022年中国非化石能源生产总量的比重提高到20.4%,非化石能源消费占比提高至17.5%,如图8-1和图8-2所示。在优化用能结构的前提下,国家需要通过工业绿色示范项目,推动具备条件的工业园区和企业建设光伏发电、风力发电、生物质发电、多元储能等,用以减少化石能源的使用。

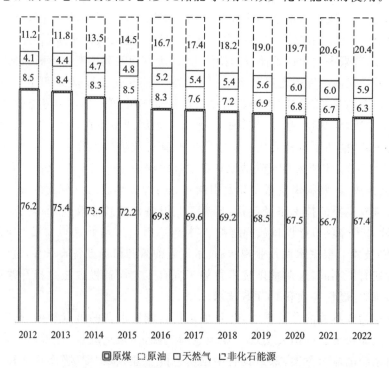

图8-1 2012—2022年中国能源生产结构(单位:%)

二是注重节能提效。2022年,中国单位国内生产总值(GDP)二氧化碳排放比2005年下降超过51%,节能降耗成果显著。我国工业能源效率水平也不断提升,2012—2022年,规模以上工业单位增加值能耗累计下降幅度超过36%[①]。但是我国仍然存在节能监管力度不够、法律政策不完备、节能技术尚不成熟等问题。为此,我国亟待建立能效"领跑者"制度体系,将节能工作渗透到整个工业领域的全方面,并要求重点行业加快推进节能减排技术的研发与应用,加强对工业领域的节能监管力度,促进工业领域碳减排工作领先发展。

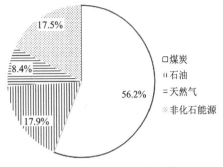

图 8-2 2022 年中国能源消费结构(单位:%)

三、技术创新

技术创新对一个企业乃至一个行业的低碳转型起到极大的推动作用,《科技支撑碳达峰碳中和实施方案(2022—2030年)》在2022年6月24日正式印发,为中国的技术创新指明了发展方向,体现出科技创新在实现"双碳"目标中将发挥其关键性作用。纵观工业领域,低碳技术已经逐步发挥作用,如低碳能源开发技术、碳减排装置、碳回收工艺、碳捕获与封存(CCS)技术,以及碳捕集、利用和封存(CCUS)等技术的发展已经有几十年的历史。

从碳排放(碳源)端来看,要围绕电力、热力、燃气,以及水生产和供应业、钢铁行业、水泥行业、石化化工行业等重点行业,加快清洁能源生产技术的创新,推进生产工艺技术逐渐低碳化,并且加快科技成果投入现实生产工艺中,逐步推进绿色节能减排技术的示范工程,推进高效、清洁生产工艺技术的研发与应用等,构建现代清洁、低碳、安全、高效的工业能源体系。

从碳固定(碳汇)端来说,生态系统的碳汇功能,以及碳捕集、利用和封存(CCUS)技术的日益成熟,为中国实现碳中和提供了新的途径。生态系统中森林、草原、湿地、海洋等都具备固碳的功能,可以达到降低大气中 CO_2 浓度的目的,2010—2020 年陆地和海洋的实际有机碳汇能力就为每年15亿~16亿t CO_2。生态碳汇的发展也面临诸多问题,包括现有制度规范尚不健全,生态碳汇计量标准、监测手段不足等,因此应加快生态碳汇的管理走向法治化、科学化、标准化。碳捕集、利用和封存(CCUS)技术是在碳捕获与封存(CCS)技术的基础上增加 CO_2 利用环节的新技术概念,由于可以实现 CO_2 资源化利用并产生经济效益,因此被广泛认为是碳减排技术的新发展趋势。中国理论碳封存潜力 1.21 万亿~4.13 万亿 t,自中国首个 CCUS 项目于 2004 年投运以来,大约有 49 个 CCUS 示范工程正在投运和建设中,CO_2 捕集能力 $2.96×10^6$ t/a,CO_2 注入能力 $1.21×10^6$ t/a,其中中国最大的 EOR(Enhanced Oil Recovery,提高石油采收率)项目,累计注入 CO_2 超200万 t。CCUS 技术主要分布于化石能源消费行业及其附属行业,是广泛应用于工业领域的关键技术。CCUS 技术也面临着许多问题,比如部分技术的开发处于基础研究阶段,CO_2 在运输和封存过程中存在安全隐患、商业模式不成熟,以

---

① 中华人民共和国生态环境部.(2023年10月).中国应对气候变化的政策与行动2023年度报告. https://www.mee.gov.cn/ywgz/ydqhbh/wsqtkz/202310/w020231027674250657087.pdf.

及缺少大规模多技术联合的工业示范等。中国应重视对 CCUS 技术的各环节关键技术的研发，加强财政税收方面的扶持力度，逐步扩大示范工程的规模，并且开发低成本、低能耗 CCUS 技术，争取最大的减排效益。

四、推动不同行业间耦合发展

对行业进行整体规划，促进行业和上下游行业的协同耦合发展。除电力、热力、燃气及水生产和供应业、钢铁行业、水泥行业、石化化工行等行业自身技术的创新之外，不同行业间的耦合发展也是实现工业碳达峰的一种有效途径。如图 8-3 所示，化工行业的副产物甲烷气体可以用作建筑材料的煅烧；炼钢厂窑炉废气可以用于化学制品的生产；沥青、石油焦等化工废渣可以作为有色金属行业的阳极材料使用等。行业间的协同耦合发展需要多个工厂协同进行，需要选择具有较高可行性的工业聚集群，实施低碳工业园区的示范项目，同时还需不断推进建设资源化综合利用的绿色产业基地。

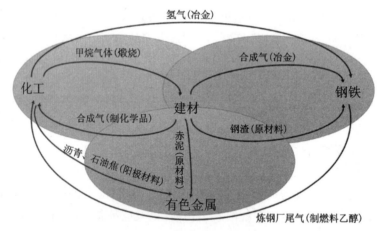

图 8-3　不同行业耦合发展

五、健全碳排放市场体系，加强国际合作

碳排放交易市场是通过市场机制以最具成本效应的方式实现碳减排，能促使企业主动地参与到碳减排中来，从而达到控制碳排放量的目的。通过发挥市场在资源配置中的决定性作用，充分挖掘工业领域的减排潜力，调动工业领域内企业参加碳交易的积极性。我国自 2013 年启动试点项目，到 2021 年开始启动全国性碳排放权交易市场，首批碳排放市场覆盖的企业碳排放量就超过 40Gt，碳交易试点覆盖电力、钢铁、水泥等 20 多个行业，且通过碳排放交易可以有效降低工业碳排放量和碳强度。但是，我国的碳交易市场还处于试点或试运行阶段，存在着市场机制不完善、试点规模小、交易不活跃、与国际碳排放市场缺乏对接等问题。在实现工业领域碳达峰的进程中，我国必须建立相对成熟的碳交易市场体系制度，逐步扩大行业的覆盖率，进一步推进企业碳排放数据监测、核查的可行性，促使更多企业自愿参加碳交易市场，确立公开透明的市场规则，使碳排放市场机制更加制度化、开放化、市场化。加强国际合作之路，逐步与国际碳排放市场进行对接，走多层次、多样化的合作道路，实现工业经济增长和节能减排共同发展的双赢局面。

第三节 技术与投资需求

一、技术需求

我国承诺 2030 年前实现碳达峰、2060 年前实现碳中和(图 8-4)。中国工程院发布的《中国碳达峰碳中和战略及路径》预测,我国二氧化碳排放将在 2027 年前后实现达峰,峰值控制在 122 亿t 左右。这意味着我国要在短短 33 年内中和掉 122t 二氧化碳,碳减排任务异常艰巨,也意味着我们需要更高质量的碳减排技术。

在"双碳"目标背景下,碳捕集、利用与封存(CCUS)技术的重要性愈发凸显。CCUS 技术能够让 CO_2 转化为有用产品或永久性封存,是应对气候变化的核心碳减排技术。中共中央、国务院出台的《关于完整准确全面贯彻新发展理念做好碳达峰碳中和工作的意见》(中发〔2021〕36 号)、《2030 年碳达峰行动方案》等文件明确指出,CCUS 技术是我国实现碳中和的重要技术选择。

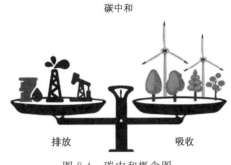

图 8-4 碳中和概念图

(一)碳捕集、利用与封存(CCUS)

碳捕集、利用与封存是指将 CO_2 从工业过程、能源利用或大气中分离出来,直接加以利用或注入地层以实现 CO_2 永久减排或回收利用,以制造有用的材料的过程。

流程:按照技术环节,主要分为 CO_2 捕集、CO_2 输送、CO_2 利用和 CO_2 封存(图 8-5)。

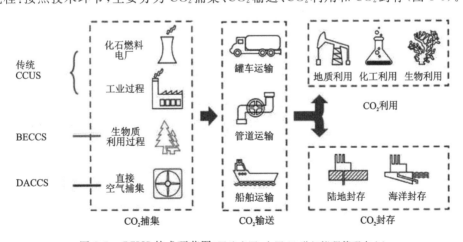

图 8-5 CCUS 技术环节图(图片来源:中国 21 世纪议程管理中心)

CO_2 捕集是指在电力或钢铁、化工、水泥等大型工业设备用能过程中将产生的 CO_2 分离和富集的技术,主要包括燃烧前捕集、燃烧后捕集和富氧燃烧 3 种捕集技术。

CO_2 输送是将捕集的 CO_2 通过管道、船舶等方式运输到指定地点。

CO_2 利用是指通过工程技术手段将捕集的 CO_2 实现资源化利用的过程,利用方式包括矿物碳化、物理利用、化学利用和生物利用等。

CO_2 封存是通过一定技术手段将捕集的 CO_2 与大气长期隔绝的过程,封存方式主要包括地质封存和海洋封存。

除了传统的 CCUS,目前还衍生出了生物质能结合碳捕集与封存(Bio-Energy with Carbon Capture and Storage,BECCS)和直接空气碳捕集与封存(Direct Air Carbon Capture and Storage,DACCS)等负排放技术。作为实现碳中和的碳捕集与封存的有效手段,BECCS 和 DACCS 被各个国家寄予厚望。

(二)生物质能结合碳捕集和封存(BECCS)

生物质能结合碳捕集和封存是 CCUS 中的一类特殊技术,能将生物质燃烧或转化过程中产生的 CO_2 进行捕集、封存。BECCS 与传统 CCUS 技术的区别是可以实现负排放。

原理(图 8-6):生物质燃烧和化学合成过程中产生的 CO_2,被认为是植物生长所封存的 CO_2 释放出来(此过程属于"净零排放");然后利用碳捕集与封存技术捕获释放出来的 CO_2,将其进一步压缩和冷却处理后,用船舶或者管道输送,最后被注入合适的地质构造中永久封存(此过程属于"负排放")。

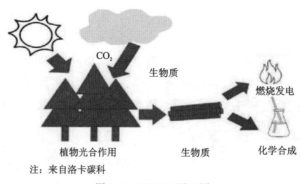

注:来自洛卡碳科

图 8-6 BECCS 原理图

(三)直接空气碳捕集和封存(Direct Air Carbon Capture and Storage,DACCS)

直接空气碳捕集和封存是为数不多的能直接从大气中去除二氧化碳的技术之一。与其他在发电或加热过程中捕集二氧化碳排放的除碳技术不同,DACCS 可以部署在世界上任何有电力供应的地方。

原理(图 8-7):DACCS 可被描述为一种工业光合作用。就像植物使用光合作用将阳光和二氧化碳转化为糖一样,DACCS 系统使用电力通过风扇和过滤器从大气中去除二氧化碳。空气通过工业级风扇吸入 DACCS 系统。DACCS 系统使空气通过化学溶液,去除其中的二氧化碳并将其余的空气返回到大气中。

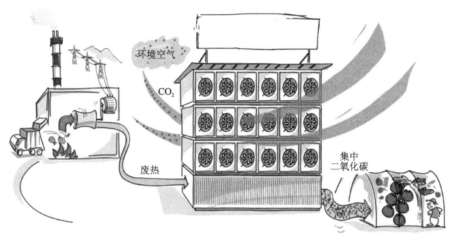

图 8-7　DACCS 原理图

（四）现有碳减排技术缺陷

虽然各国都在大力发展 CCUS 等碳减排技术，但在实际应用中，现有碳减排技术依然存在缺陷。

1. CCUS 缺陷

在 CO_2 捕集环节，技术成本高、能源消耗高，还伴随着过程碳排放。

在 CO_2 利用环节，经济性不高、利用途径不稳定，且缺乏市场。

在 CO_2 封存环节，封存容量有限、成本高昂，且二氧化碳具有泄漏的安全风险。

2. BECCS 缺陷

BECCS 必须解决可持续性方面的问题，例如生物能源资源的供应、与粮食生产的竞争、土地的可利用性等。如果采取相比工业革命前全球升温控制在 2℃ 以内的对策，预计 BECCS 将需要 25%～46% 的耕地和多年生作物栽培地，这样就会导致粮食供应不稳定、农村生活和生物多样性的安全等方面的问题。

3. DACCS 缺陷

DACCS 关键在于开发出高效回收大气中 CO_2（其浓度仅为火力发电厂废气的几百分之一）的技术，但目前的情况是这一技术尚处于研发阶段，"空气直接捕集"环节成本过高；并且 CO_2 再生过程需投入大量能源。目前，这项技术仍然处于完全商用前的阶段，没有太大的技术效益和经济效益。

二、投资需求

实现碳中和长期资金缺口年均超万亿。据国家气候战略中心战略规划部测算，实现 2060 年前碳中和愿景,总资金需求规模达 139 万亿元,占中国 GDP 的 2.5% 左右,长期资金缺口年均在 1.6 万亿元以上。

工业领域存在节能降碳技术尚且跟不上行业发展需要,创新性节能降碳技术和配套资金供给不足等问题。例如钢铁行业,在技术方面,富氧燃烧技术、焦炉上升管余热回收技术等尚未在全行业推广,只有少数大型企业能够掌握,富氧高炉冶炼、CCUS 等创新性节能降碳技术尚未工业化推广。而且,钢铁行业在绿色低碳转型方面,改造体量大,资金需求成本高。据测算,以年产量 400 万 t 的钢铁企业为例,若降碳 30%,则需投资约 35 亿元,我国相应的配套资金支持政策尚且不足。

总体而言,我国为实现碳中和愿景,资金缺口依然很大,工业领域是实现碳中和的重中之重,在工业各行业领域资金需求很大。

本章习题

(1)根据上述内容,描述我国工业领域碳排放的现状和趋势。
(2)阐述工业领域实现碳达峰与碳中和的意义。
(3)分析重点工业行业如电力、热力、燃气及水生产和供应业等如何实现碳减排。
(4)探讨政府在引导与体系构建方面应如何支持工业领域的碳减排。
(5)简述能源结构优化与节能提效在工业领域碳减排中的作用。
(6)说明技术创新在工业领域碳减排中的重要性,并举例说明哪些技术是实现碳中和的关键。
(7)分析推动不同行业间耦合发展在实现工业碳达峰中的作用。
(8)讨论健全碳排放市场体系对促进工业领域碳减排的积极影响。
(9)阐述我国在实现碳中和过程中所面临的技术和资金挑战。
(10)针对我国工业领域碳减排的未来发展,提出具体的建议和措施。
(11)简述 CCUS 缺陷及未来发展趋势。
(12)简述 DACCS、BECCS 技术工作原理、应用现状、存在缺陷和未来发展趋势。
(13)讨论 CCUS、BECCS、DACCS 三者相同与不同之处。

本章小结

我国工业领域碳排放总量虽逐年上升,但逐渐趋于稳定,碳排放强度逐渐降低,预计工业领域二氧化碳排放量将有望达到峰值。工业要实现碳达峰与碳中和,以电力、热力、燃气及水生产和供应业、钢铁行业、水泥行业、石化化工行业为代表的重点工业行业的减排路径尤为关键。从结果来看,"十四五"期间部分重点工业行业产能已经达到或接近峰值,随着遏制"两高"项目的政策实施和节能降碳技术的推广应用,各重点工业行业有望在"十五五"期间达峰。

为实现工业领域碳中和,其路径如下。

一是政府引导与体系构建,实行的是"由上而下"的碳减排机制。

二是加快能源结构优化与节能提效,要加快能源结构优化和注重节能提效。

三是技术创新,碳排放(碳源)端,要围绕电力、热力、燃气及水生产和供应业、钢铁行业、水泥行业、石化化工行业等重点行业,加快清洁能源生产技术的创新;碳固定(碳汇)端,生态系统的碳汇功能,以及碳捕集、利用和封存(CCUS)技术的日益成熟,为中国实现碳中和提供了新的途径。

四是推动不同行业间耦合发展,对行业进行整体规划,促进行业和上下游行业的协同耦合发展。除电力、热力、燃气及水生产和供应业、钢铁行业、水泥行业、石化化工行业等行业自身技术的创新之外,不同行业间的耦合发展也是实现工业碳达峰的一种有效途径。

五是健全碳排放市场体系,加强国际合作。碳排放交易市场是通过市场机制以最具成本效应的方式实现碳减排,能促使企业主动地参与到碳减排中来,从而达到控制碳排放量的目的。

为实现工业领域碳中和,在技术需求上,CCUS、BECCS、DACCS等技术是我国实现碳中和的重要技术选择;在资金需求上,工业领域创新性节能降碳技术和配套资金供给不足。

第九章　建筑领域的电气化和智慧化

第一节　建筑领域的碳排放概述

一、建筑领域碳排放现状

根据国际能源署（IEA）统计，从国际上来看，建筑领域的碳排放占比超过 1/3。居民和商用建筑的化石能源使用，即直接碳排放占全球碳排放的 9%，居民和商用建筑的电力和热力使用，即间接碳排放占 19%，另外，建材加工及建筑建造过程的碳排放占 10%。美国、欧盟、英国等均出台了相应的建筑领域低碳发展政策和方案，建筑领域实现超低排放甚至零排放是实现碳达峰碳中和的重要抓手。

从国内来看，近年来我国建筑领域低碳发展稳步推进。《民用建筑节能条例》《绿色建筑行动方案》《建筑碳排放计算标准》《绿色建筑评价标准》《绿色建筑创建行动方案》《超低能耗建筑评价标准》《绿色建筑被动式设计导则》《绿色建造技术导则（试行）》等文件的出台，促进了建筑领域绿色低碳发展的飞速进步。但是，中国建筑领域碳排放的总量庞大，建筑碳排放涉及建材生产运输、建筑施工、建筑运行和建筑拆除处置 4 个阶段的建筑全生命周期。根据《中国建筑能耗研究报告 2020》，2018 年建筑行业全生命周期碳排放占全国碳排放总量的 51%。因此在当前碳达峰、碳中和的背景下，建筑领域的碳达峰是实现整体碳达峰的关键一环。建材生产运输和建筑运行阶段所占比例较大，分别为 28% 和 22%，建筑施工阶段（包括拆除）占建筑全过程碳排放量的比重约为 2.03%。具体到建筑拆除阶段，建材拆除及废旧建材运输碳排放约占建筑全生命周期碳排放的 1.5%。因此，建材生产运输和建筑运行阶段减碳是建筑领域碳排放达峰的关键。

根据《2021 中国建筑能耗与碳排放研究报告：省级建筑碳达峰形式评估》，2019 年全国建筑全过程能耗总量为 22.33 亿 t CE，占全国能源消费总量的 45.9%；2019 年全国建筑全过程碳排放总量为 49.97 亿 t CO_2，占全国碳排放量的 50.6%。建筑能耗总量及碳排放总量占全社会总量达一半左右。因此推进建筑全生命周期脱碳，对实现我国"双碳"目标具有重要意义。

二、国内绿色建筑政策发展

我国绿色建筑研究起步较晚，但发展很快。1986 年我国颁布了第一部建筑节能标准《民用建筑节能设计标准》；2006 年建设部签发《建筑节能管理条例》（征求意见稿），首次针对建筑节能进行公开立法;同年住房和城乡建筑部(简称住建部)颁布《绿色建筑评价标准》(GB/T 50378—2006);2007年,颁布了《绿色建筑评价技术细则(实行)》和《绿色建筑评价标识管理办法》;2017年,住建部颁布《建筑节能与绿色建筑发展"十三五"规划》;2019年就《绿色建筑评价标准》进行了修订;2020年,住建部、发改委等多部门联合发布《绿色建筑创建行动方案》。2021年为我国"十四五"开局之年,国家及各地方政府相继发布了《国民经济和社会发展第十四个五年规划和2035年远景目标纲要》,其中明确绿色建筑发展、建筑低碳转型等内容。"十四五"规划发布以来,国家及各地市主管部门密集出台了多项建筑领域"双碳"政策及标准,包括《"十四五"建筑节能与绿色建筑发展规划》《绿色建筑评价标准》《建筑节能与可再生能源利用通用规范》《建筑碳排放计算标准》《近零能耗建筑技术标准》等。各政策标准主要内容归纳说明如下。

(1)《"十四五"建筑节能与绿色建筑发展规划》制定了"十四五"期间建筑节能和绿色建筑发展总体指标及具体目标;提出了达成目标的9项重点任务,包括提升绿色建筑发展质量、提高新建建筑节能水平、加强既有建筑节能绿色改造、推动可再生能源应用、实施建筑电气化工程、推广新型绿色建造方式、促进绿色建材推广应用推进区域建筑能源协同、推动绿色城市建设,为"十四五"建筑节能的发展指明了方向。

(2)《绿色建筑评价标准》在建筑安全耐久、健康舒适、生活便利、资源节约、环境宜居几个方面规定了强制及加分要求,提供了创建技术依据,指导我国未来绿色建筑建设发展。

(3)《建筑碳排放计算标准》为建筑碳排放计算提供了依据,规范了建筑全生命周期各阶段的核算范围及尺度。

(4)《建筑节能与可再生能源利用通用规范》提出建筑必须强制执行的各项要求,包括新建建筑开展碳排放核算的要求,新建建筑节能设计、既有建筑节能改造设计、可再生能源建筑应用系统设计要求,以及需达到的各地区新建居住建筑、新建公共建筑平均能耗指标。

(5)《近零能耗建筑技术标准》规定了近零能耗建筑的能效指标、技术要求、技术措施,以及评价要求,为近零能耗建筑推广提供了技术依据。

三、建筑碳排放核算

依据国际标准,碳排放分为直接碳排放、间接碳排放和隐含碳排放3类。因此,将建筑碳排放核算边界定为以下三大范围。

(1)建筑直接碳排放,指建筑运行阶段直接消费的化石能源带来的碳排放,主要产生于建筑炊事、热水和分散采暖等活动。生态环境部发布的《省级二氧化碳排放达峰行动方案编制指南》就是按照此口径划分行业碳排放边界。

(2)建筑间接碳排放,指建筑运行阶段消费的电力和热力两大二次能源带来的碳排放,这是建筑运行碳排放的主要来源。(1)和(2)相加即为建筑运行碳排放。

(3)建筑隐含碳排放,指建筑施工和建材生产带来的碳排放,也被称为建筑建造碳排放或建筑物化碳排放。其中建筑施工碳排放,包括建造阶段施工、使用阶段维护施工和建筑到寿命拆除施工的碳排放。由于建筑业中包括住宅、公共建筑、厂房仓库等房屋建筑和铁路、道桥、隧道、水利水运等基础设施土木工程建筑,建筑建造碳排放也可据此划分为两个口径:一是建筑业建造碳排放；二是房屋建筑建造碳排放。前者涵盖当年所有工程建设项目所消耗建材而产生的隐含碳排放，可用投入产出表法或实物消耗测算法进行核算；后者是当年竣工的房屋建筑所消耗建材而产生的隐含碳排放，不仅包含当年的建材消耗量，还包括往年的建材消费（图9-1）。

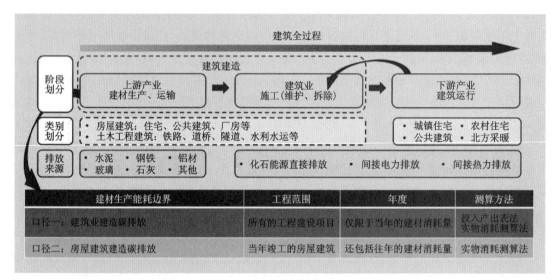

图9-1　建筑建造碳排放核算口径

第二节　建筑业中的碳中和

2021年10月24日，我国《关于完整准确全面贯彻新发展理念做好碳达峰碳中和工作的意见》（中发〔2021〕36号，以下简称《意见》）首次发布。该《意见》的第七部分"提升城乡建设绿色低碳发展质量"指出，要推进城乡建设和管理模式低碳转型、大力发展节能低碳建筑、加快优化建筑用能结构，在建筑领域提出了城乡建设绿色低碳发展的顶层要求。同年10月21日中共中央办公厅、国务院办公厅印发《关于推动城乡建设绿色发展的意见》，提出到2025年城乡建设绿色发展体制机制和政策体系基本建立，到2035年城乡建设全面实现绿色发展，城市和乡村品质全面提升，美丽中国建设目标基本实现等目标。

《意见》提及要建设高品质绿色建筑，大力推广超低能耗、近零能耗建筑，发展零碳建筑，实现工程建设全过程绿色建造。这是我国城乡建设领域出台的国家级顶层碳达峰碳中和工作意见，是城乡绿色发展工作开展的思路纲领，是碳达峰碳中和"1+N"政策体系的一部分。

建筑全生命周期包括建材生产运输阶段、建筑施工阶段、建筑运行阶段、建筑拆除处置阶段。要实现建筑碳达峰及碳中和，需要在建筑全生命周期的各阶段进行减碳。

建材生产运输阶段，主要碳排放源为钢铁、水泥等建材生产过程产生的排放。该部分排放需要结合行业前沿技术及政策支持进行减碳，如开展绿色、低碳建材研发，引进先进节能技术及设备，使用可再生能源，开展碳捕集等。

建筑施工阶段，需要积极引导企业开展绿色施工，做好施工规划，减少资源能源消耗；同时需在施工场地种植绿化,施工后开展植被恢复,增加碳汇。

建筑运行阶段,可通过全面推行电气化替代化石燃料燃烧排放,同时推广节能冷水机组、节能电器,引进热泵,北方地区采取集中采暖等措施降低建筑运行能耗;建筑内应用光伏电力、风电等可再生能源是实现零碳建筑的关键举措。

建筑拆除处置阶段,需做好废弃建材的回收再利用,减少下个建筑周期项目中建材生产运输阶段的碳排放。

建筑实现碳达峰、碳中和的关键一环还在于设计过程是否充分考虑了低碳要素,是否达到低碳设计要求。对此,建筑师的作用至关重要。建筑师在设计时除了需要设计出满足基本功能需求的建筑,还需要将绿色、低碳建材融入其中,同时结合当地气候环境,充分利用采光、通风条件,使建筑能低碳运行。在建筑拆卸时需要考虑建材能够实现快速拆卸,以及废弃建材可再生利用问题。

建筑作为社会运行中的一部分,其脱碳离不开社会各方面的支持及发展。一方面,能源供给侧需要持续增加可再生能源供应,发展储能及特高压电网技术,将可再生能源稳定地供应给需求侧,满足社会各行业对脱碳的需求;另一方面,各行业新技术的进步,诸如高效光伏发电设施、新型节能墙体材料、高效冷水机组的出现对建筑脱碳起到关键作用。同时,全社会的脱碳离不开政府的宏观规划、政策推动。自2021年以来,中央政府密集出台多项政策,持续完善顶层设计,引领各行业开展减碳、脱碳。2021年10月24日国务院出台《2030年前碳达峰行动方案》,明确了碳达峰需推动的重要任务、政策保障及责任落实,确保在2030年前实现达峰目标。此外绿色金融的健康发展对实现碳达峰、碳中和同样具有积极意义。随着碳达峰、碳中和工作的推进,社会将释放大量低碳投资需求,而资金供需是否匹配将决定推进工作的速度与质量。因此,作为金融机构应积极创新金融产品,提升资源配置效率,建立满足其他行业需求的绿色金融体系,以实现全社会脱碳综合成本最小化。

以下将从建材生产运输阶段、建筑施工阶段、建筑运行阶段、建筑拆除处置阶段,以及绿色金融支持分别介绍建筑脱碳路径。

一、建筑生产运输阶段脱碳

根据《2021中国建筑能耗与碳排放研究报告:省级建筑碳达峰形势评估》,建材生产运输阶段能耗占全国总能耗的22.8%,二氧化碳排放占全国总排放的28.0%,为建筑全生命周期中能耗及碳排放量最高的阶段。建筑材料作为构成建筑的基础硬件,种类繁多,包括钢铁、水泥、混凝土等传统结构建材,还包括装饰材料、保温材料、玻璃幕墙等功能性材料。各类建材在生产过程中均需要消耗大量不同的能源,诸如钢铁加工需要消耗焦炭、煤炭、电力;水泥生产消耗煤炭、电力;运输过程需要消耗柴油等,构成了建材生产运输阶段的重要排放源。对于水泥生产而言,其原料在煅烧过程中还会产生大量二氧化碳。综上所述,建材生产运输阶段的脱碳,一方面有赖于能源供给端的清洁化、低碳化,另一方面也需要在建材各行业推广低碳原料及低碳技术,产出绿色低碳建材。以下就传统结构建材脱碳、低碳建材应用、绿色建材产品认证、建材运输脱碳4个方面进行分析。

(一)传统结构建材脱碳

传统建材中,钢铁、水泥二氧化碳排放量最为显著。有统计表明,钢铁行业的能源消耗占我国能源消耗的11%,碳排放量占我国总排放量的15%,我国钢铁行业碳排放量占全球钢铁行业碳排放量的50%以上;而水泥在生产过程中由燃烧直接排放的二氧化碳和消耗电力间接排放的二氧化碳约占我国碳排放总量的13%,为仅次于钢铁行业的第二大工业二氧化碳"排气筒"。因此,钢铁、水泥行业脱碳,对于建材生产运输阶段脱碳而言至关重要。

(二)低碳建材应用

建筑中应用的建材种类繁多,从使用功能上,分钢铁、水泥、混凝土等主体建材,以及装饰材料、保温材料、玻璃幕墙、防火防水材料等功能性建材;从来源上看,可分为天然建材、再生建材、人工建材,天然建材包括木材、砂石等,再生建材诸如再生钢材、混凝土、废砌块、旧砖等。建筑过程应优先选用天然建材、再生建材,减少因建材生产导致的碳排放量;其次,可以选择一些新型建材,如新型胶凝材料、低碳混凝土等,这些建材从源头上减少了水泥消耗,降低碳排放;还有如固碳混凝土、固碳水泥等固碳建材,该类建材可吸收二氧化碳达到固碳作用。天然建材、再生建材、新型建材均属于低碳建材。

1. 天然建材应用:木材

建筑使用木材可以有效减少碳足迹,据统计,每1m木材可吸收并固定约0.9t二氧化碳。可再生能源工业材料研究协会(COR-RIM)的一份研究报告表明,等量的木材从收获到废弃所需的能量比钢材少17%,比水泥少16%。虽然木结构建筑本身具有极低的碳排放量,但是也存在自身缺陷,且木结构建筑易遭火灾、白蚁侵蚀和雨水腐蚀。我国森林覆盖率低于全球平均水平,竹材作为替代品具有成林快的优点,目前复合竹材制品已经在很多地方替换了木材类板材,解决了资源问题。同时,竹木结构住宅可以工厂预制、现场安装,这也是产业化发展所提倡的。

2. 低碳混凝土应用

低碳混凝土技术是指在混凝土的生产、使用过程中,能够直接或间接地降低二氧化碳排放量的混凝土技术。具体为在混凝土生产中,在保证水泥质量的前提下减少水泥用量,掺入尾矿、建筑垃圾,实现减碳,同时尽可能保持混凝土的长寿命、高耐久性。以C40混凝土为例,低碳混凝土相比于普通混凝土,使用工业废渣132kg,减少水泥消耗159kg;吨水泥综合能耗降低为120kg标准煤。若1/4混凝土采用低碳技术,每年可节约水泥0.5亿t。此外,普通混凝土寿命一般为30年,高性能混凝土寿命可达100年。高性能混凝土通过大幅度提高混凝土耐久性,延长结构物的使用寿命,进一步节约维修和重建费用,减少了维修过程的能耗及碳排放。值得注意的是,低碳混凝土和高性能混凝土虽然出发点不同,但在某些方面存在重叠。低碳混凝土主要通过生产过程减排,而高性能混凝土则通过延长使用寿命来实现长期的环境效益。两者都致力于提高混凝土的耐久性和寿命,从而减少建筑行业的碳足迹。理想情况下,未来的混凝土技术可能会更多地融合低碳和高性能的特征,追求既环保又高效的解决方案,实现直接减少生产过程碳排放和间接通过延长使用寿命减少碳排放的双重目标。

3. 固碳建材应用

固碳建材指在生产过程中吸收捕集 CO_2 的建材,通过半成品凝胶材料与 CO_2 反应,将其固化进建材,实现封存 CO_2 的目的。具备 CO_2 矿化活性的胶凝材料分为水化活性矿化材料(如波特兰水泥、镁基水泥)和固废矿化材料(如钢渣、废弃混凝土)。

国内固碳建材工业化生产已起步。2022 年 9 月,浙江省建材集团固碳混凝土生产示范项目落地德清县,计划投资 1.12 亿元,年产 15 万 m^3 固碳混凝土,年减排二氧化碳 0.9 万 t,相当于 60ha 森林的碳吸收量。

直接空气捕集 CO_2(DAC)技术也是固碳建材的重要应用。2021 年 1 月,雪佛龙股份有限公司投资 BluePlanet 公司,通过 DAC 技术将空气中的二氧化碳转化为石灰石,并制成碳酸盐基建筑骨料。此过程无须纯化和浓缩 CO_2,降低了成本和能耗。

综上,随着技术进步及推广,固碳建材应用将越来越广泛,其集合了减碳及固废再利用两大优势,是建材生产阶段脱碳的又一重要方向。

(三)绿色建材产品认证

尽管市面已开发各种类别低碳建材,但存在品质参差不齐,原料来源、生产过程能耗及实际碳排放量无从考证等问题,使用方无法从中确认所采购建材是否达到低碳要求。因此,低碳建材的推广还有赖于对建材本身产品开展第三方的低碳认证,以获取信任度。

2015 年 9 月,住建部、工业和信息化部(简称工信部)联合颁布了《绿色建材评价标识管理办法》,其中定义绿色建材为:在全生命周期内可减少对天然资源的消耗和减轻对生态环境的影响,具有节能、减排、安全、便利和可循环特征的建材产品。从定义上看,绿色建材涵盖了低碳建材内容,因此开展绿色建材产品认证,是建材生产企业获取低碳建材信任度的有效手段。

2020 年 8 月,市场监管局、住建部、工信部联合颁布了《加快推进绿色建材产品认证及生产应用》,其中将建筑门窗及配件等 51 种产品纳入绿色建材产品认证实施范围,实施分级认证。认证产品种类如表 9-1 所示。

表 9-1 绿色建材产品认证种类

序号	产品大类	产品种类
1	围护结构及混凝土类(8 种)	预制构件、钢结构房屋用钢构件、现代木结构用材、砌体材料、保温系统材料、预拌混凝土、预拌砂浆、混凝土外加剂减水剂
2	门窗幕墙及装饰装修类(16 种)	建筑门窗及配件、建筑幕墙、建筑节能玻璃、建筑遮阳产品、门窗幕墙用型材、钢质户门、金属复合装饰材料、建筑陶瓷、洁具、无机装饰板材、石膏装饰材料、石材、镁质装饰材料、吊顶系统、集成墙面、纸面石膏板

续表 9-1

序号	产品大类	产品种类
3	防水密封及建筑涂料类(7种)	建筑密封胶、防水卷材、防水涂料、墙面涂料、反射隔热涂料、空气净化材料、树脂地坪材料
4	给排水及水处理设备类(9种)	水嘴、建筑用阀门、塑料管材管件、游泳池循环水处理设备、净水设备、软化设备、油脂分离器、中水处理设备、雨水处理设备
5	暖通空调与照明类(8种)	空气源热泵、地源热泵系统、新风净化系统、建筑用蓄能装置、光伏组件、LED照明产品、采光系统、太阳能光伏发电系统
6	其他设备类(3种)	设备隔振降噪装置、控制与计量设备、机械式停车设备

注：来源于《2022年中国建筑能耗与碳排放研究报告》。

目前该51种产品均已制定评价标准。研究评价标准可以得出，评价标准分为一般要求及评价指标要求。一般要求涉及安全、环保合规、质量基本要求等内容；评价指标分为资源属性、能源属性、环境属性、品质属性，从不同属性进行评价，包括定量及定性要求。评价结果从低到高分为一星级、二星级、三星级。绿色建材评价标准考虑资源属性、能源属性、环境属性和品质属性，综合了产品的"节能、减排、安全、便利和可循环"属性，评价综合结果星级越高，即越符合绿色、低碳要求。

2016年以来，国家和地方政府陆续出台了一系列推广和财政奖励政策，有力促进了绿色建材的发展。其中，2016年发布的《国务院办公厅关于建立统一的绿色产品标准、认证、标识体系的意见》尤为重要。该意见提出了多项具体措施，包括为绿色产品的研发生产、运输配送和消费采购等环节提供财税金融支持，建立健全绿色产品标准推广和认证采信机制，以及支持绿色金融、绿色制造、绿色消费和绿色采购等相关政策。此外，意见还设定了明确的发展目标，要求到2020年，绿色建材的应用比例达到40%以上。这些政策措施和目标的制定，为绿色建材行业的快速发展奠定了坚实基础。

随着建筑碳达峰、碳中和进程的推进，国家及地方政府将越来越重视绿色建材产品认证，2020年以来在出台的多项政策中均提出鼓励支持绿色建材产品认证，部分政策汇总如表9-2所示。

表 9-2 2020年以来支持绿色建材产品认证的部分政策

序号	发布日期	政策名称	主要内容
1	2020年7月	《绿色建筑创建行动方案》	加快推进绿色建材评价认证和推广应用，建立绿色建材采信机制，指导制定推广应用政策，政府工程率先采用，提高新建建筑中绿色建材比例，打造示范工程，发展新型绿色建材
2	2021年3月	《中华人民共和国国民经济和社会发展第十四个五年规划和2035年远景目标纲要》	推广绿色建材、装配式建筑和钢结构住宅，建设低碳城市

续表 9-2

序号	发布日期	政策名称	主要内容
3	2021 年 10 月	《关于推动城乡建设绿色发展的意见》	完善绿色建材产品认证制度,开展示范工程建设,鼓励使用综合利用产品
4	2021 年 10 月	《国务院关于印发 2030 年前碳达峰行动方案的通知》	加快推进绿色建材产品认证和应用推广,加强新型胶凝材料、低碳混凝土、木竹建材等低碳建材产品研发应用
5	2021 年 6 月	《北京市绿色建筑创建行动实施方案(2020—2022 年)》	推进绿色建材认证和推广应用,加强质量监管和检查,建立质量可追溯机制,研究以绿色金融支持高质量绿色项目
6	2020 年 10 月	《天津市绿色建筑创建行动实施方案》	加快推进绿色建材评价认证和推广应用,搭建信息共享平台,公布采信应用情况,制定认证推广方案,鼓励工程项目使用绿色建材,提高新建建筑中绿色建材比例,打造示范工程
7	2021 年 7 月	《关于印发上海市 2021 年节能减排和应对气候变化重点工作安排的通知》	在评价基础上加快推进绿色建材推广应用,建立采信机制,鼓励政府工程采用,扩大应用类别和比例,发展新型绿色建材,并将应用情况纳入评价考核

综上,绿色建材产品认证在传递绿色、低碳建材信任度中扮演了重要角色,未来在政策支持下,绿色建材产品认证在实现建筑"双碳"目标中必将起到积极的推动作用。

(四)建材运输脱碳

现阶段我国建材运输仍以中重型燃油卡车为主,其在行驶过程中排放大量二氧化碳。有数据表明,一辆重型卡车废气排放量可达到 500 辆小汽车的排放量。由此降低卡车在运输过程产生的二氧化碳为建材运输脱碳的重要途径。

在交通领域,我国政府大力发展的一项举措为道路全面电气化,也即逐步推广电动新能源汽车。新能源汽车相比于燃油汽车不仅绿色环保,而且具有低能耗、高转换率的优点。传统燃油车仅能将燃油能量的 12%～30%转化为车轮动力,而电动汽车可以将电力系统中超过 77%的电能转化为动力,提升了能源转换效率。尽管如此,受限于充电桩布局数量、电池能量密度和储电量,新能源汽车仍有其不足之处,全面替代燃油汽车尚需时日,但市面上新能源汽车数量的增多已是不争的事实。相信将来随着新能源技术的创新、基础设施的完善和制造成本的降低,新能源汽车会是家用、公共交通乃至商用的不二之选。据悉,特斯拉公司最新发布的电动卡车 Semi 在 2021 年 7 月已完工投产,相比于传统燃油卡车,特斯拉公司的电动卡车每千米运行成本可节约 17%。在性能方面,特斯拉电动卡车空载状态下百千米加速仅需 5s,一次充电行驶里程最高可以达到 800km,标志着重型卡车电动化的重要创新。

新能源汽车中,除了发展电动汽车,另一重要方向为氢能燃料汽车。如果说电动汽车解决了短途运输脱碳,那么氢能燃料汽车将是长途运输脱碳的重要选择。氢燃料具备零排放、续航里程长等优点,可以为飞机、货船等长途运输工具提供能量。目前氢燃料存在着成本过高、基础设施不完善、燃料安全性仍需提升等问题,大规模的应用仍有待于时间及技术的积累。截至目前,国内已有氢能燃料应用于卡车的案例。2021年8月,我国首条百辆级别市场化运营氢能重卡运输线——"容易路氢能重卡示范线"建成。容易路全长59km,是雄安新区主要建材运输通道之一。该示范线投运的氢能重卡搭载长城旗下未势能源完全自主研发的百千瓦级大功率氢能燃料电池系统,实现了全程运输的"零碳排";同时示范线搭载有"氢能云"智能平台,可实时监控所有车辆燃料电池系统全生命周期运行健康情况,实现智能网联与智慧交通的深度融合。2021年11月,中国西部首条氢燃料电池重卡示范线在四川省内江市正式运营,此举为助推"成渝氢走廊"建设迈出了重要一步。

综上,应用新能源交通工具是建材运输脱碳的首选,无论在理论技术,还是在实践上均已取得了突破。随着新能源技术的成熟、制造成本的下降、安全性能的提升,以及基础设施及政策的逐步完善,燃油汽车必将被新能源汽车全面替代。届时建材运输脱碳,乃至整个交通运输行业脱碳问题将迎刃而解。

二、建筑施工阶段脱碳

(一)我国建筑施工行业发展现状

根据中国建筑节能协会发布的《2021中国建筑能耗与碳排放研究报告:省级建筑碳达峰形势评估》,2019年全国建筑施工阶段能源消耗占全国总能耗的1.9%;占建筑全过程总能耗的4%;全国建筑施工阶段碳排放占全国碳排放的1%,占建筑全过程碳排放量的2%。从数据统计上看,建筑施工能耗及碳排放量占比较小,但总量仍然庞大,随着中国城市化进程的推进,建筑施工及拆除量将随之增加,因此建筑若要实现全生命周期的碳中和,必须考虑建筑施工环节的节能降碳,通过引进绿色、低碳施工技术及管理手段,减少或抵消施工过程中产生的二氧化碳。

从国内施工行业管理现状来看,目前国内建筑施工大部分采取招投标形式进行,总承包商将任务分包给多个小公司,由小公司人员开展现场施工,技术人员并非全天候在现场跟踪监督。小公司技术单薄,人才缺乏,施工工艺差异大,施工过程质量参差不齐,能源及资源利用率低,浪费严重,造成施工成本过高,碳排放量大,呈现粗放式管理。在经济快速发展期,粗放式的管理带来了经济规模,满足了人们对于居住办公的需求;但在低碳社会的大背景下,粗放式管理必然不可持续,取而代之的是以低碳施工、绿色施工,倒逼企业重视现场管理,提升管理效率,无法实现低碳施工的企业终将被市场淘汰。因此,低碳施工对提升施工行业管理水平、重塑行业形象、加强施工行业优胜劣汰具有积极的促进作用。

从国际贸易而言,发达国家借助自身的先进技术和技术优势,制定苛刻的技术标准、法规,形成对发展中国家的碳壁垒,国际竞争日趋激烈。随着国家"一带一路"政策推进,一些大的建筑公司逐渐在海外拓展市场,通过提升产品品质,突破发达国家的碳壁垒,在国际竞争平台中赢得市场和声誉。建筑施工作为建筑全行业中不可或缺的环节,承受来自上、下游的低碳压力,面对建筑企业"走出去"的大环境,施工企业必须走低碳化发展道路。只有共同构建低碳建筑产业链,方可在发达国家制定的碳壁垒规则中生存、发展。因此,施工企业要迈向国际化,赶上国际发展趋势,就必须加强自身的低碳竞争力,借助强劲的低碳竞争力进入国际市场。

(二)建筑施工阶段脱碳路径

施工现场碳排放来源于施工区、办公区和生活区3个区域。施工区现场建材运输、加工过程、施工过程,以及废弃物的处理,需通过操作各类机械设备完成,而设备运行需消耗柴油、电力,由此产生碳排放。办公区及生活区使用照明、制冷、采暖、办公设施及等消耗电力,食堂炊事消耗天然气等燃料,电力、天然气为办公区及生活区碳排放源。

针对施工阶段,住建部及质监总局于2010年颁布《建筑工程绿色施工评价标准》(GB/T 50640—2010),用于指导建筑工程实践,推动绿色施工。标准中绿色施工定义为:在保证质量、安全等基本要求的前提下,通过科学管理和技术进步,最大限度地节约资源,减少对环境的负面影响,实现"四节一环保"(节能、节地、节水、节材和环境保护)的建筑施工活动。从绿色施工定义中不难看出,其在一定程度上涵盖了低碳建筑的相关要求。节能、节水、节材本质上要求提高能源、资源利用率,降低施工过程的能源、资源消耗量,也即减少生产能源及资源所蕴含的碳排放量;而节地则要求尽量减少土方开挖和回填量,进而减少机械设备因施工作业产生的碳排放。标准中针对节能、节地、节水、节材、环境保护方面制定了各自的评分指标,包括控制项、一般项、优选项。施工过程依据此标准用以评判是否符合绿色施工要求。

为进一步规范建筑工程绿色施工,2014年颁布《建筑工程绿色施工规范》(GB/T 50905—2014),针对地基与基础工程、主体结构工程、装饰装修工程、保温防水工程、机电安装工程、拆除工程进行明确规定,要求按标准开展施工,做到节约资源,保护环境和保障人员安全与健康。

三、建筑运行阶段脱碳

根据《2021中国建筑能耗与碳排放研究报告:省级建筑碳达峰形势评估》,建筑运行阶段能耗占全国总能耗的21.2%,二氧化碳排放占全国总排放的21.6%,在建筑全生命周期中均仅次于建材生产运输阶段。建筑运行阶段碳排放主要为建筑内各设施设备运行产生,如照明、空调、采暖、水泵用电产生的间接排放,燃气灶消耗天然气产生排放,北方采暖涉及热力消耗产生的间接排放等。因建筑运行期年限长,而建筑存量在逐步上升,导致该阶段二氧化碳排放量在近年来呈现线性上升趋势,增加了建筑运行阶段的脱碳压力。

解决好运行阶段碳排放源首要考虑建筑的低碳设计,优秀的低碳设计将大大减少建筑后期运行能耗,这需要考验建筑设计师的设计水平。其次建筑中引进太阳能、风能、地热能等可再生零碳能源替代传统电力、天然气,可大大减少建筑运行碳排放;另外提升建筑中设备的能效和能耗管控水平,也可达到降低能耗及碳排放的效果。以下从能源替代、推进电气化、能效提升3个方面展开说明建筑运行阶段的脱碳路径。

(一)能源替代

建筑运行阶段主要能耗包括照明、空调、家用电器、办公设备等电力消耗,北方室内采暖热力消耗,以及炊事消耗的天然气等。国家统计局统计,2020年中国发电量达到741 700亿kW·h,其中火电发电量527 990亿kW·h,占比高达71.19%。对比2014年以来火电发电量占比虽有下降,但仍在70%以上。另外我国北方地区城镇和农村供热面积分别约为147亿m^2和70亿m^2,由燃煤产生的供热能耗占比同样长期超过70%。建筑运行消耗的电力、热力需要在能源供给端燃烧大量燃煤进行供应,由此产生了大量的二氧化碳排放。随着我国城镇化进程不断推进,未来仍有大量建筑竣工并投入运行,新增供暖面积随之持续增长,碳排放量也将逐年增加。

可再生能源,诸如太阳能、风能、地热能等,本身不产生二氧化碳,如果对其加以合理利用,同样能为建筑运行提供能量,实现对传统电力、热力的替代,进而降低建筑运行产生的碳排放。因此,可再生能源的应用为建筑运行阶段实现脱碳的重要途径,可再生能源与建筑的结合,已经成为推动建筑碳达峰、碳中和的必然趋势。

(二)推进电气化

当前推广可再生能源应用已成为全社会实现碳达峰、碳中和的必然趋势。可再生能源应用技术,包括太阳能光伏发电、风力发电、沼气发电等均集中于提供零碳电力能源,因此在全社会全面推进电气化,使用可再生能源产出的零碳电力将是实现全面脱碳的有效手段。在建筑运行过程亦不例外。如前文所述,建筑运行阶段除消耗电力外,在采暖供热、炊事等环节还间接或直接消耗了大量的化石燃料。该部分化石燃料消耗若改为电力消耗,同时提升能源供给端及建筑运行端的可再生能源发电率,将有效降低建筑运行期间的碳排放。

采暖、供热电气化需要结合各地区实际情况分区推进。在北方,由于我国煤炭资源相对丰富,现阶段仍以燃煤供热方式为主,推进电气化目前条件仍不成熟。该地区采暖期降碳需先走加强区域集中供热、提升供热效率的路线,并尽可能用调峰的热电厂余热和工业生产过程排除的低品位余热作为基础热源,做到清洁取暖。对于长江中下游地区,因供热季节比北方短,集中供热成本高,更适合分散式供热。目前该地区居民采暖方式主要为家庭空调供暖、空气源热泵供暖、燃气壁挂炉供暖,在电气化推进、能源利用效率提升上仍存在空间。根据国家"十三五"重点项目"长江流域建筑供暖空调解决方案和相应系统"的研究成果,采用分散的电动热泵可以很好地满足居住建筑的空调和采暖需求。由此,大力推广电动热泵,加强热泵技术研发,可有效推动该地区碳排放量逐年下降。

炊事推进电气化有赖于高效电气灶的开发,同时需要引导改变居民长期以来的明火烹饪习惯,推广使用电气灶。在生活热水供应方面,可以推动电动热泵热水器的使用,热泵热水器具有高效节能的特点,是替代目前多数家庭使用的燃气热水器和电热水器的良好选择。

综上,建筑运行阶段推进全面电气化将成为未来趋势。在采暖供热电气化中,还需结合地区实际采取不同策略,以达到降低二氧化碳排放的目的。

(三)能效提升

建筑运行阶段使用有各种设备,如照明、空调、水泵等,提升这些设备的能效,尽可能减少运行过程能耗损失,让能量输出最大化,可达到降低能耗,减少二氧化碳排放的目的。在提升设备能效的同时,实现对设备的智能化控制,在运行时能根据需求情况自动启闭或者实现变频运行,同样可减少能耗。对于建筑管理而言,导入能源管理体系并有效运行,将形成能耗目标考核机制,提升管理人员的节能意识及挖掘节能机会的主观性,对建筑运行整体能效提升起到积极作用。而能源管理信息化将有助于提升能源管理水平,改善能源绩效。

四、建筑拆除处置阶段脱碳

建筑拆除处置阶段碳排放源主要为机械拆除施工、废旧建材清运、废旧建材回收利用。有数据统计,建筑施工阶段占建筑全过程碳排放量的2.03%,其中包含建筑拆除阶段产生的排放等。建材拆除及废旧建材运输碳排放量约占建筑全生命周期碳排放量的1.5%,但废旧建材回收利用产生的碳减量可占建筑全生命周期碳排放量的30%以上。因此,在建筑拆除阶段,脱碳的主要途径有拆除方式优化、建材回收利用、低碳拆除设计等。

(一)拆除方式优化

建筑的拆除包括拆毁、拆解两种方式。拆毁方式为在短时间通过机械将大部分废旧材料进行破碎,破碎后材料难以回收,只能作为建筑垃圾进行填埋处理。拆解方式为通过小型机械将构件尽可能从主体结构中分离,拆解后的构件仍然可以加以利用。虽然这种方式在施工时间上延长了,但是极大地减少了碳排放量。因此,拆除应优先选用拆解方式进行。

在拆解过程中需要遵循"由内至外,由上至下"的顺序,即室内装饰材料—门窗、散热器、管线—屋顶防水、保温层—屋顶结构—隔墙与承重墙或柱—楼板,逐层向下直至基础。在技术、设备层面上拆解与拆毁两种方式大致相同,但在废旧建材的循环利用率上,差别很大。

(二)建材回收利用

建材的回收利用包括直接利用和再生利用。在回收过程中需要根据材料回收属性进行区分处理。木材、砖石、屋瓦等传统旧建筑材料本身无法分解,可以考虑直接利用。因废旧木材、砖石、屋瓦本身拥有独特的古旧沧桑形态,故可在建筑结构及室内外装饰方面进行利用。如中国美术学院象山校区(图9-2),校区建设采用华东各省旧房拆除现场收集而来的废旧木材、砖石,甚至石板,重新构建新建筑的外表皮,使得新建筑风格呈现浓郁的复古风貌。

图9-2 中国美术学院象山校区

再生利用即将建筑拆除废弃物作为原料生产建材。钢材回收可以节省在钢材生产阶段钢材锻造所产生的碳排放;废铁利用相对于铁矿石冶炼可节能60%、节水40%,同时减少废气、废水、废渣产生。

废旧混凝土的回收利用可节约大量原材料中的砂石骨料,减少废弃物堆放场地。将混凝土废弃物进行批量化处理,可重新投入建设中。回收的混凝土通过破碎、清洗和分级,按一定比例相互配合后可形成再生的骨料,部分或全部替代天然骨料,从而形成再生骨料混凝土。在我国,生产再生砖、再生水泥等就是建筑垃圾资源性再加工利用的重要方法之一,也是目前我国建筑垃圾产业化利用最重要的组成部分。

然而并不是所有建筑材料都适合循环利用。例如,铝材的生产是一个高能耗的过程,而其循环再利用可节省高达95%的能耗;与铝材相比玻璃的生产是廉价的,其循环再利用仅节省5%的能耗,相对而言,铝材循环利用更有意义。

(三)低碳拆除设计

在建筑全生命周期中,初期设计阶段对建材的回收利用起决定性作用。设计师在设计阶段就要考虑拆除后废旧建材的可回收性,需优先选用可回收性强的材料;同时还需考虑拆除的便利性,以达到低碳拆除的目的。部分主要建材的再利用率统计如表9-3所示。

表9-3 部分主要建材的再利用率

建材种类	再利用率/%
钢材	95
钢	90
再生材料	60
碎石	60
门窗	80
PVC管材	35
玻璃	25
废铁金属	90
混凝土	80
塑料	65

应用新型具有通用尺寸的可再生构件进行建造,是实现建筑低碳拆除的重要手段。在美国费城,KTA事务所设计的火炬松别墅实现了一种预制住宅实验。该住宅主要构成元素为统一规格的地板及墙体"模块",一个标准、可拆卸式铝结构;尺度相同的雪松板墙体材料,预制浴室及厨房模块。其中,铝材框聚系统在现场仅用几天的时间就能建造完成,节省了施工费用,并通过计算机的Revit数字化模式,进行整个组装过程的控制。当建筑拆解后,框架经过简单测试满足结构需求便可以再次在新建筑中使用。因此,通用构件的设计及反复利用可

极大地减少拆除阶段的碳排放量,实现低碳拆除。

本章习题

(1)请解释直接碳排放、间接碳排放和隐含碳排放的区别。
(2)我国在推动建筑领域低碳发展方面出台了哪些重要政策文件?
(3)什么是建筑全生命周期?其各个阶段分别对碳排放有何影响?
(4)建材生产运输阶段的主要碳排放源是什么?有哪些有效的减碳措施?
(5)解释建筑施工阶段的碳排放现状,并提出降低该阶段碳排放的方法。
(6)建筑运行阶段如何通过电气化和使用可再生能源实现减碳目标?
(7)在建筑拆除处置阶段,如何优化拆除方式以减少碳排放?
(8)低碳设计在建筑实现碳中和中有何重要作用?请结合实例说明。
(9)如何通过政策和技术手段推动绿色建材的研发和应用?
(10)结合实际案例,分析绿色金融在支持建筑领域脱碳方面的作用。

本章小结

本章详细探讨了建筑领域的碳排放现状、政策发展及碳排放核算方法,并提出了实现碳中和的路径。近年来,我国通过一系列政策和标准推动建筑领域的低碳发展,包括《民用建筑节能条例》《绿色建筑行动方案》《绿色建筑评价标准》等。这些政策文件为建筑行业制定了明确的低碳发展路径,涵盖了建筑全生命周期的各个阶段:建材生产运输、建筑施工、建筑运行及建筑拆除处置。

在建材生产运输阶段,主要的碳排放源包括钢铁、水泥等建材的生产过程。通过研发绿色低碳建材、引进节能技术、使用可再生能源及开展碳捕集等措施,可以有效降低该阶段的碳排放。建筑施工阶段则需采用绿色施工技术、优化施工规划,以减少资源消耗和碳排放。建筑运行阶段是另一个重要的减碳环节,通过全面推行电气化、使用节能设备及引入可再生能源,可以显著降低运行能耗。最后,在建筑拆除处置阶段,优化拆除方式及提高废弃建材的回收利用率,可以大幅减少该阶段的碳排放。

此外,建筑设计在实现低碳目标中发挥着至关重要的作用。设计师需在设计过程中充分考虑低碳要素,采用绿色建材,并结合当地气候条件进行被动式设计,以达到低碳运行的效果。

实现建筑的领域碳达峰与碳中和,需在政策支持下,通过全生命周期减碳措施和创新技术应用,推动建筑行业绿色低碳发展。这不仅有利于应对气候变化,也将助推建筑业高质量发展,开创人与自然和谐共生的美好未来。

第十章　交通领域的电动化与未来选择

第一节　交通领域的碳排放概述

交通运输是化石能源消耗及温室气体排放的重点领域,近年来已成为我国温室气体排放增长最快的领域之一。交通运输工具在使用化石燃料的过程中排放出大量温室气体及污染物,加剧雾霾、酸雨及温室效应,引发了各方对交通绿色转型与发展路径的高度关注。在发达国家推动交通低碳发展经济的基础上发现,交通运输可采取提高燃油效率、推广清洁能源等措施来加快碳减排进程,转向低碳燃料将在缓解交通领域的碳排放方面发挥重要作用。目前,我国交通运输行业仍以化石燃料消耗为主,清洁能源使用比例依然较低;结合当前形势和长远发展来看,交通运输行业碳排放达峰存在较大困难。

在"双碳"目标背景下,交通运输领域面临更加严峻的减排压力,推动交通领域碳排放达峰和深度减排对全社会实现碳达峰、碳中和意义重大。无论是应对气候变化的国内国际要求,还是行业自身高质量发展的需要,都亟待加速行业节能降碳进程,研究提出面向碳达峰、碳中和的交通运输领域发展路径。

一、交通领域碳排放现状

交通运输中的碳排放主要来源于运输过程中交通运输工具燃料燃烧产生的 CO_2 排放。基于交通运输领域能源消费情况,我国交通领域碳排放总量大,脱碳难度高。自1990年以来,我国各行业二氧化碳排放持续增高,其中运输行业排放量仅次于电力和工业部门,占我国全行业碳排放总量的10%左右,同时考虑到我国总体碳排放基数较大,交通领域碳排放不可小视。未来我国汽车保有量至少翻一番,将进一步加大交通领域减排难度。道路交通是二氧化碳排放的重点来源。过去10年中,我国交通领域二氧化碳排放占比呈现上升趋势,其中约3/4来自道路运输。随着中国经济发展的稳步推进和城镇化建设程度加深,城市客户和货运服务需求将保持高速增长,道路交通排放压力也将继续加大。

中国交通运输行业碳排放将于2030年前后达峰。2022年,我国交通运输行业的二氧化碳排放量约为9.01亿t,占全国能源体系排放总量的9%左右,受新冠疫情影响,交通运输排放量略低于2019年。根据IEA预测,在我国承诺目标情景下,交通运输排放量在短期内将继续增长,2030年达到略高于10亿t的峰值,然后逐步下降,到2060年下降到大约1亿t,比2030年降低近90%。2060年仍将有大部分排放来自减排困难的国内航空、航运和长途公路货运领域。随着国家经济活动的繁荣,人员和货物流动性将持续增加,在未来不到40年的时间当中,我国交通零碳目标的实现将以道路交通为重点,汽车的电动化和交通运输系统的高效协同将是推动减碳的关键因素。

二、交通碳排放的计算方法及影响因素

(一)交通碳排放量计算方法

计算交通领域 CO_2 排放量是分解碳达峰、碳中和战略目标,评估地方交通碳排放状态,制定交通领域减碳治理措施的重要基础,但至今仍没有形成统一的标准。目前交通运输行业碳排放主要有两种核算方法:"自上而下"法和"自下而上"法(图10-1)。

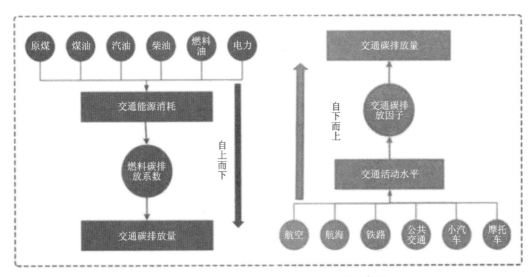

图 10-1 "自上而下"法和"自下而上"法示意图

"自上而下"法,即考虑工业化水平、人口、能源消耗强度、人均 GDP 等宏观因素与碳排放之间的关联关系,构建碳排放计量模型,常被用于区域交通碳排放的研究中,一般按照地区范围内的交通运输行业能源消耗数据乘以燃料碳排放系数计算交通碳排放量。

"自下而上"法,即研究车流量、里程、车型、自然因素等微观影响因素与碳排放之间的定量关系,一般依据各种交通方式的活动水平(如行驶里程)乘以单位活动水平的碳排放因子来计算交通碳排放量。此外,也有基于全生命周期计算交通碳排放的全生命周期法,该方法需要计算各类交通工具生产、运营、回收等整个生命周期内产生的碳排放总量。

"自上而下"法、"自下而上"法和全生命周期法3种方法的特点、优点和不足等详见表10-1。目前,"自下而上"法是国际上计算城市交通领域 CO_2 排放量最常用的方法。

典型排放清单核算指南包括联合国政府间气候变化委员会(IPCC)提出的《IPCC 国家温室气体清单指南》、国家发展改革委等部门联合制定的《省级温室气体清单编制指南(试行)》、世界资源研究所(WRI)等机构共同发布的针对中国城市开发的《城市温室气体核算工具指南(测试版1.0)》、国家发展改革委编制的《中国陆上交通运输企业温室气体排放核算方法与报告指南(试行)》,分别对应了国家尺度、省级尺度、城市级尺度和行业尺度的碳排放核算。2015年,《道路机动车大气污染物排放清单编制技术指南》出台。

表 10-1 常用的交通碳排放计算方法对比表

方法	特点	优点	不足	使用频率
"自上而下"法	依据交通运输行业整体能源消耗计算交通碳排放量	数据易于获取,准确度高	无法体现不同交通方式的碳排放情况;将交通运输、仓储和邮政作为一个行业统计,难以按照管理范畴进行拆分	较多
"自下而上"法	依据不同交通方式的出行需求计算交通碳排放量	能准确反映不同交通方式碳排放贡献,引导针对性减排措施	数据需求较多,且分散在不同部门、企业等,获取难度较大	最普遍
全生命周期法	依据不同交通工具从生产到淘汰的全生命周期耗能计算交通碳排放量	能够全面反映各种交通工具全生命周期耗能情况	数据采集涉及多学科、多环节、多部门,计算较为复杂,误差较大	较少

交通运输碳排放核算范围目前依然以交通运输工具为主,包括公路、水路、铁路、民航等,基础设施建设所造成的碳排放暂不包含(基于全生命周期的核算方法包括基础建设部分的排放)。交通运输领域的碳排放核算需要统筹考虑全社会口径的运输工具,包括营业性和非营业性两个方面。营业性的交通运输是指办理了运输证、依法从事经营业务的客货运输,水运、航空、铁路绝大部分都是营业性的;非营业性的交通运输主要分布在公路运输部门,如私家车、非营业性货车等,数据采集比较困难。在公路运输方面,营业性和非营业性的差异比较大。

(二)交通碳排放量计算的影响因素

交通碳排放量核算需明确若干前提要素,如地理边界、碳排放链、交通方式、碳排放因子等,才能确保不同区域交通碳排放可量化、可评估、可对比,保证交通碳达峰、碳中和目标的纵向分解,以指导交通"双碳"目标的实施(图 10-2)。

交通碳排放量的计算一般是为交通减排提供数据支撑、方向性指导等,因此"自下而上"法更适合于城市交通碳排放量的计算。城市交通碳排放计算的地理边界一般以城市为行政区边界,目前以行政区为单元的管理制度具有数据统计优势。工业、建筑和交通碳排放链存在交叉,一般将交通工具的化石燃料直接碳排放和电力能源的发电碳排放纳入交通碳排放量计算范围。

交通方式依据交通碳排放核算的要求而有所不同,过境交通是否纳入城市碳排放计算范围也存在争议。国际上已有若干主流的碳排放清单模型,但我国仍缺少一套统一标准、本地化的碳排放因子排放清单。

交通运输碳排放的影响因素主要有经济发展水平、交通运输结构、人口规模、城镇化率、

第十章 交通领域的电动化与未来选择

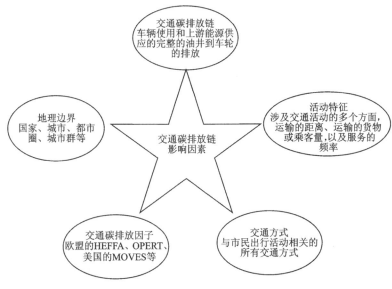

图 10-2 交通碳排放量计算的影响因素

产业结构、运输组织水平、交通运输总周转量、能效水平、运输装备低碳化水平、城市空间分布、土地利用方式、交通基础设施密度交通运输效率、私家车保有量规模和交通燃料价格等。

交通作为国民经济发展的先导性和基础性行业,对实现"双碳"目标具有重要影响。加快研究和识别中国交通碳排放因子,对于制定针对性的低碳交通政策措施具有重要的理论和现实意义。这将有助于更有效地实现交通领域的"双碳"目标,推动交通运输行业的可持续发展。

第二节 新能源基础设施发展路径

新能源汽车的规模化发展正在推动汽车用能体系的变革,这也驱动了交通能源基础设施进入新的发展阶段。

现阶段我国充换电站、加氢站等基础设施呈现出良好的发展势头,但相比于新能源汽车的发展规模,新型交通能源基础设施仍然相对滞后。中国工程院能源研究院(2022)的预测显示,从总量来看,预计到2025年,中国公共充电桩需求将超过500万根,私人充电桩需求将超过900万根,换电站需求达到2.5万座,加氢站需求超过1000座,未来几年我国新型交通能源基础设施将面临供给缺口[1]。

在新发展阶段中,新型基础设施体系不仅需要加速自身发展,还应注重与城市系统、能源系统和交通系统的融合发展。例如:电动汽车在提升可再生能源使用比例的同时如何利用其灵活可控的特性与电力系统进行互动,从而促进电力系统可持续运行;城市如何在土地资源有限的情况下盘活存量空间,布局新设施,提升现有设施运行效率;新型交通能源基础设施如

---

[1] 中国工程院能源研究院,2022.2025年我国新型交通能源基础设施发展预测报告[M].北京:中国电力出版社

何参与绿电交易、碳交易,助力"双碳"目标实现;城市对外交通系统如何根据不同场景的出行需求合理规划布局交通能源基础设施;等等。

一、新型交通能源基础设施发展规划

2018年起,京津冀、浙江、云南、广东等省份先后推出绿电交易试点,并为用户提供消费绿色电力凭证。《2021年湖南电动汽车绿电交易试行方案》《北京电力交易中心绿色电力交易试点实施细则(试行)》《南方区域绿色电力交易规则(试行)》等政策规定,电动汽车负荷聚合商等购售电主体可以代理用户购电,即电动汽车用户在充电时可以选择使用绿电,实现"新能源车充新能源电"。

2021年11月国家能源局、科技部印发《"十四五"能源领域科技创新规划》,指出能源基础设施智能化、能源大数据、多能互补、储能和电动汽车应用、智慧用能与增值服务等领域创新十分活跃,各类新技术、新模式、新业态持续涌现,对能源产业发展产生深远影响。重点任务提出要开展电动汽车有序充放电控制、集群优化及安全防护技术研究,研究电动汽车与电网能量双向交互调控策略,构建电动汽车负荷聚合系统,实现电动汽车与电网融合发展。

同年12月,国家能源局正式印发《电力并网运行管理规则》《电力辅助服务管理办法》。前者将传统高载能工业负荷、工商业可中断负荷、电动汽车充电网络等能够响应电力调度指令的可调节负荷(含通过聚合商、虚拟电厂等形式聚合)等统称为负荷侧并网主体。后者明确将新型储能和负荷侧并网主体统一列入电力辅助服务提供主体范围。它们都明确指出电动汽车充电聚合商可以参与电力辅助服务。

2022年1月,国家发改委、国家能源局印发了《"十四五"现代能源体系规划》。指出要推动构建新型电力系统,积极支持用户侧储能多元化发展,提高用户供电可靠性,鼓励电动汽车、不间断电源等用户侧储能参与系统调峰调频。提出要更大力度强化节能降碳,积极推动新能源汽车在城市公交等领域的应用,到2025年,新能源汽车新车销量占比达到20%左右,要优化充电基础设施布局,全面推动车桩协同发展,推进电动汽车与智能电网间的能量和信息双向互动,开展光、储、充、换相结合的新型充换电场站试点示范。

随着政策的不断深入,新型交通能源基础设施规划布局与新型电力系统协调发展急需加强。充电设施布局与城市规划布局、配电网建设规划缺少有效衔接,还存在电动汽车充电系统要求与充电设施现状不一致的地方,既影响了电动汽车新产品的发布,也影响了车主的充电体验。电动汽车与能源融合仍停留在个别项目试点层面,电动汽车普遍采用无序充电模式,充电负荷与电网高峰负荷重合度高,电动汽车负荷可调度性好与分布式储能的灵活性资源潜力未能得到有效挖掘,下一步充电设施的大规模应用,必然给电网的规划发展带来新的挑战。

"十三五"期间充电基础设施建设布局规划主要以分散为主、集中为辅。考虑到各地区电动汽车推广的程度不同,应结合各个城市的特点,慎重考虑充电设施的布局结构是集中建设还是分散建设,应从各个城市的电动汽车发展规模进度和城市的基础设施条件两个维度来规划充电设施。一线城市应在居民分散充电设施的建设上多考虑集中布局的优势,三线城市应在商用车集中布局的基础上多考虑分散布局。要考虑充电基础设施的覆盖密度与充电场站的场均服务能力关系,在初期车辆不多时,建议以覆盖密度为主,需要相对分散;在后期随着覆盖密度提升,建议以提升场均服务能力来满足车辆规模增长需求。

充电设施行业应加强与地方配电网规划、交通系统规划等相关配套支撑行业的衔接,统筹有序发展。对于公共停车区域,结合实际需求开展配套供电设施改造,为适应大功率充电需求,应合理配置足够配电容量;居住区应根据实际情况,统一将供电线路敷设至专用固定停车位(或预留敷设条件),预留电表箱、充电设施安装位置和配电容量;充放电设施建设要与配电网的智能化改造结合;充电设施电源规划与电网规划结合。电网企业应加强与城乡规划、电网建设及物业停车等的统筹协调,针对有车位的车主,促进智慧家充进社区,应建尽建智能互动充电桩。针对没有固定车位的社区,联合开展社区公共充电场站建设,满足用户就近充电需求。在高速充电和城市公共充电方面,做好电源配套保障,全力支持各方资本参与充电设施建设。

鼓励新能源车企销售具备智能互动功能的车桩产品,加快从传统单向充电向智能有序充电、双向充放电转化。首先供给侧要打造能够适应智能有序充电、双向充放电的电动汽车,其次销售侧应大力推广智能有序充电、双向充放电桩,形成良好的车网互动格局。电网企业应协同各方联合攻关车网互动技术,统一车网互动标准,保障车桩充电匹配、信息互通,加快建设车网互动能源服务平台,将车联网、桩联网平台有机融合,聚合引导更多电动汽车参与新型电力系统建设,参与清洁绿电消纳和电力系统平衡,真正将电动汽车变成新能源汽车。

二、新能源基础设施与碳机制协同

据统计,当前交通行业碳排放约占中国碳排放总量的9%,尽管碳排放贡献总量低于电力和工业,但交通行业已是我国碳排放增速最快的行业之一。具体来看,公路运输碳排放占交通行业排放总量的85%左右,是交通行业的最大排放主体,具有很大减排潜力。

新能源汽车作为交通运输行业低碳转型的重要抓手,已经上升为国家发展战略。目前我国纯电动车碳排放量为 $0.7t/10^4 km$;预计到2035年,纯电动车碳排放将下降到约 $0.4t/10^4 km$,相比于2021年降低40%以上,下降原因来自绿电应用比例上升,随着绿电比例加大,电动车排放会大幅降低。到2060年,预计纯电动车碳排放下降到 $0.2t/10^4 km$。

新型交通能源基础设施作为连接汽车、交通和能源的枢纽,也将在交通运输行业低碳转型中扮演重要角色。

2021年10月24日中共中央、国务院印发《中共中央 国务院关于完整准确全面贯彻新发展理念做好碳达峰碳中和工作的意见》(简称《意见》)。《意见》提到,在交通运输领域,主要行动包括推动运输工具装备低碳转型、绿色高效交通运输体系和绿色交通基础设施建设。绿色交通基础设施建设关键举措包括加快发展新能源和清洁能源车船,推动加氢站建设;加快大容量公共交通基础设施建设,加快构建便利高效、适度超前的充换电网络体系。为了保障有关建设能够顺利进行,完善投资政策中提到充分发挥政府投资引导作用,构建与碳达峰、碳中和相适应的投融资体系,加大对低碳交通运输装备项目的支持力度,完善支持社会资本参与政策,激发市场主体绿色低碳投资活力。随后,10月27日国务院印发《2030年前碳达峰行动方案》(简称《方案》),《方案》指出,将绿色低碳理念贯穿于交通基础设施规划、建设、运营和维护全过程,降低全生命周期能耗和碳排放。

为深入贯彻落实《意见》和《方案》的有关要求,2022年1月21日,国家发改委等七部委随后联合印发《促进绿色消费实施方案》,其中提到,进一步激发全社会绿色电力消费潜力;统筹推动绿色电力交易、绿证交易;加强与碳排放权交易的衔接,研究在排放量核算中将绿色电力相关碳排放量予以扣减的可行性;持续推动智能光伏创新发展,大力推广建筑光伏应用等内容。本文件的印发,为新型交通能源基础设施主动作为、积极响应国家对于促进绿电、绿证交易的部署及安排提供了政策驱动力,作为连接电力企业和车主的枢纽,新型交通能源基础设施建设运营方将主动配合电网企业分摊完成可再生能源消纳责任权重,并协助提升车主消费绿电的意愿和动力,助推形成全民购买绿电的绿色消费风气。

从长期看,新型交通能源基础设施不仅能够为新能源汽车传送可再生能源,同时基础设施本身也具备通过参与绿电(绿证)交易、参与碳排放市场等方式助力交通行业低碳转型的潜力,具体体现在以下路径。

（一）建设分布式光储系统

新型交通能源基础设施作为车辆的补能设施,自身能耗主要为运营过程中设备线损、办公照明、空调等能耗,碳排放主要是能源消耗对应的排放。新型交通能源基础设施开展"双碳"工作,应紧抓国家推动分布式新能源及储能系统建设机遇,充分利用屋顶、边坡等资源,加强内部分布式光储系统建设,建设交通能源基础设施微网,并加强用能管理与交易管理,实现降低能耗和碳排放的目标。

（二）加大氢能利用

氢能因可再生、零排放、零污染属性,被视为21世纪最具潜力的能量载体。我国提出"双碳"目标后,发展氢能的重要性从政策、法律等方面得到了进一步确认。

交通运输行业是我国氢能下游利用最集中的领域之一,在自身绿色低碳化发展的过程中,将与氢能产业发展形成互促互进的密切协同关系。随着国家宏观政策、产业政策及金融支持不断加码,氢能产业将会呈现愈加向上的发展态势:作为交通能源领域绿色低碳发展的主要方向之一,在重卡、航空、海运等重型、远程运输中推广绿色氢能(可再生能源制氢),其零碳、零污染的属性将进一步放大,强力支撑交通领域实现深度脱碳。

（三）绿电(绿证)交易

绿电交易的本质是打通清洁能源供给侧与用户需求侧的直接交易机制。《促进绿色消费实施方案》提出"建立绿色电力交易与可再生能源消纳责任权重挂钩机制,市场化用户通过购买绿色电力或绿证完成可再生能源消纳责任权重""加快提升居民绿色电力消费占比",为新型交通能源基础设施参与绿电(绿证)交易,并且引导车主参与绿电交易提供了政策基础。

促进绿电(绿证)消费提高可再生能源消纳,反过来也将进一步降低交通运输领域碳排放,并通过电-碳排放市场联动,为交通能源基础设施提供新的发展机遇,最终共同推动实现碳中和目标。

第十章 交通领域的电动化与未来选择

按照2030年中国电动汽车保有量1亿辆估算,年用电量将达到258TW·h,假设基础设施绿电交易占比达到40%,通过绿电交易实现的减排量将达到1.36亿t。

（四）参与碳排放权交易

碳排放权交易作为落实"双碳"愿景的核心政策工具之一,允许碳排放资源在不同企业之间通过市场进行自由配置,相比于行政手段,能够以较低的成本实现减排目标。其设计原理,是通过发挥价格信号作用,引导经济主体降低温室气体排放量,减少环境污染行为,推动经济社会发展绿色转型。对于新型交通能源基础设施发展而言,积极参与碳排放权交易市场建设,不仅能加快实现自身碳中和的目标,通过利用新能源项目开发的碳资产在碳排放市场进行交易,还能创造额外的减排收益。

本章习题

(1) 解释为什么交通运输成为我国温室气体排放增长最快的领域之一。
(2) 分析发达国家在推动交通低碳发展方面采取了哪些措施,并讨论其成效。
(3) 结合我国现状,探讨交通运输行业实现碳达峰所面临的主要挑战。
(4) 详细说明"自上而下"法和"自下而上"法两种交通碳排放核算方法的优缺点。
(5) 讨论道路交通在我国二氧化碳排放中的重要性及其未来减排的关键措施。
(6) 分析影响我国交通运输碳排放的主要因素,并提出相应的政策建议。
(7) 预测我国交通运输行业在2030年和2060年的碳排放趋势,并分析其原因。
(8) 探讨新能源汽车在交通低碳转型中的作用及其未来发展前景。
(9) 评估当前我国在新能源汽车充电基础设施方面存在的问题及解决方案。
(10) 讨论如何通过政策和技术手段促进交通运输领域的电动化进程,实现"双碳"目标。

本章小结

本章探讨了交通领域的碳排放现状、电动化发展及未来选择。交通运输是化石能源消耗及温室气体排放的重点领域,近年来成为我国温室气体排放增长最快的领域之一。交通工具在使用化石燃料过程中排放大量温室气体及污染物,导致雾霾、酸雨及温室效应等环境问题。发达国家的经验表明,提高燃油效率和推广清洁能源是加快碳减排的重要措施。

本章介绍了在"双碳"目标背景下,交通运输领域面临严峻的减排压力。推动交通领域碳排放达峰和深度减排对全社会实现碳达峰、碳中和具有重要意义。我国交通运输行业目前仍以化石燃料为主,清洁能源使用比例较低,未来减排难度较大。道路交通是二氧化碳排放的主要来源,随着经济发展和城镇化进程加快,道路交通排放压力将继续增加。未来我国实现交通零碳目标将以道路交通为重点,汽车电动化和交通运输系统高效协同是关键因素。

紧接着介绍了计算交通领域CO_2排放量的主流核算方法,目前主要采用"自上而下"法和"自下而上"法两种核算方法。"自下而上"法是国际上计算城市交通领域CO_2排放量最常用的方法。核算需明确地理边界、碳排放链、交通方式、活动特征和碳排放因子等前提要素,以确保不同区域交通碳排放可量化、可评估、可对比。影响交通运输碳排放的因素包括经济发展水平、交通运输结构、人口规模、城镇化率、产业结构、运输组织水平、能效水平、城市空间分布等。加快研究和识别这些因素,规划新能源基础设施的发展路径,可针对性地制定低碳交通政策措施,对我们实现"双碳"目标具有重要意义。

第十一章　农业领域的碳排放控制

第一节　农业碳排放分析与减排方法

一、农业碳排放分析

农业是非二氧化碳温室气体(主要指甲烷和氧化亚氮)的主要排放源,排放量占全球人类源温室气体排放总量的10%～12%。

甲烷是厌氧环境条件下的产物,它的农业排放源如下。一是稻田长期处于淹水条件下,产甲烷细菌分解土壤中活性有机物质(如动植物残体、根系分泌物以及有机肥等),产生甲烷,进而排放到大气中。稻田淹水时间越长,投入的新鲜有机物料越多,甲烷排放则越多。二是动物(主要是反刍动物)采食饲料后在消化道中经特殊微生物发酵会产生甲烷,然后通过打嗝和肠道排放到大气中。三是畜禽粪便的储存和处理过程(特别是厌氧环境下)、秸秆的不完全焚烧也会产生甲烷。

农田土壤是最大的氧化亚氮释放源。农田土壤氧化亚氮是硝化和反硝化作用过程的中间产物。化学氮肥和有机肥的投入可提高硝化和反硝化率,进而增加氧化亚氮的排放量。同时,土壤氧化亚氮排放还与灌溉引起的土壤水分状况变化有着密切的关系,例如,淹水稻田在中期落干会大大刺激氧化亚氮的排放。与土壤类似,粪便储存和处理过程中其所含的氮也会在硝化和反硝化过程中产生氧化亚氮。秸秆不完全焚烧也会产生氧化亚氮,但数量极少。

除了上述的直接排放,农业生产还有一些"隐藏"的排放。农作物种植过程使用了大量的化肥、农药、农膜,这些农业生产资料在生产过程中也会排放温室气体,例如,生产1kg的尿素,会排放约16kg二氧化碳当量温室气体。而在畜禽养殖过程中,饲料的生产、养殖场日常水电消耗等也会导致温室气体的排放。

为了评价某个产品或者活动整个生命周期直接和间接的温室气体排放总量,碳足迹计量和评价应运而生。农产品碳足迹包括农用生产资料生产、加工过程的排放和农田或养殖场发生的直接排放,如果将再加工和消费过程一并考虑在内,还应包括如精米和面粉的加工、畜禽的屠宰和储存等再加工过程和烹调过程中能源消耗带来的排放。农作物生产的碳足迹中份额较大的是稻田甲烷排放和化肥生产过程的排放。畜禽生产的主要排放源则是饲料生产过程、粪便处理过程和反刍动物肠胃发酵。如将边界设置到消费端,以肉类为主的饮食习惯的碳足迹要远高于以素食为主的饮食习惯的碳足迹,且外出就餐的碳足迹远高于在家吃饭的碳足迹。

二、减排方法

在减排上,通过施肥模式优化及新型肥料和抑制剂(如缓控释肥、硝化抑制剂)的使用,可减少农田氧化亚氮排放达 50%。通过科学制定施肥和农药、农膜等使用方案,采用高效、环保的新型农业生产资料,既有助于农田氧化亚氮的减排,也可通过倒逼农资产业结构改革和生产优化,避免生产过程的温室气体排放。节水灌溉可以减少甲烷排放,但由于甲烷和氧化亚氮排放此消彼长的特征,可能增加氧化亚氮排放。另外,稻田秸秆还田会增加有机质,减少氧化亚氮排放,但会刺激甲烷的排放。只有将间歇淹水等节水灌溉措施与优化施肥措施相结合,才可能减少稻田温室气体总排放,同时还可提高水分和养分利用效率。对水旱轮作农田,如水稻-小麦、水稻-油菜等轮作,在非稻季施用有机肥,在提升土壤碳库的同时,避免了由有机肥施用造成的甲烷排放。筛选低排放高产水稻品种、添加甲烷抑制剂等新型材料、施用生物质炭等稳定性高的有机物料,也是降低稻田甲烷排放的有效途径,是新的固碳减排协同技术的发展方向。

畜禽养殖温室气体减排可以通过优化饲料配比、使用新型饲料、改善粪便处理技术、科学设计和搭建畜舍等方式实现。例如,将秸秆氨化处理后再投喂,可以减少黄牛 16%~30%的甲烷排放;而使用多功能舔砖,不但可提高黄牛日增重量,还可减少 10%~40%的甲烷排放;与水冲清粪和水泡粪相比,人工干清粪可减少甲烷排放 50%以上。

第二节 农田温室气体减排增汇技术

一、种植与养殖减排技术

(一)种植减排技术

稻田甲烷产生的生态系统过程源于一连串复杂的发酵过程,首先是有机大分子到乙酸、羟基酸、醇类、二氧化碳及氢气的初级发酵过程,其次是醇类和羟基酸到醋酸盐、氢气和二氧化碳的次级发酵过程,这一过程产物最终在产甲烷古菌的参与下转化为甲烷。水稻田甲烷的排放起始于水稻土壤甲烷的产生、再氧化以及传输至大气的整个过程。

1. 抑菌减排

产甲烷古菌和甲烷氧化菌在稻田甲烷产生和排放过程中起决定性作用。国外研究证实许多化学物质如溴甲烷-磺酸、氯仿和氯甲烷等可抑制产甲烷古菌的活性,肥料型的甲烷抑制剂如碳化钙胶囊能使稻田甲烷排放降低 90.8%。利用醋酸纤维素搭配乙烯利抑制了 43%的稻田甲烷产生,其效果类似于其他众所周知的产甲烷抑制剂(2-溴乙磺酸盐、2-氯乙磺酸盐、2-巯基乙磺酸盐),原因在于其显著降低了水稻土中古菌群落及产甲烷菌的相对丰度和表达水平。然而,尽管这些非特异性抑制剂的市场价格较低,但它们对土壤具有广泛的非靶向作用,如果大量连续施用,可能会破坏土壤健康。因此,新型环境友好的甲烷抑制产品有待进一步研发。除抑制剂外,EM(有效生物菌剂)也有较好的增产减排效果。此外,不同时期 EM 施用效果有差异,在分蘖—拔节期这一甲烷排放高峰期内追施 EM 固体肥料后,抑制作用最明显;从整个生育期看,EM 处理水稻产量显著提高。

抑制剂的研发与应用,针对的是甲烷产生过程,而另一类产品可以增强甲烷的氧化,故可称为增氧剂。白云石搭配氮肥施用,可以增强 55% WFPS(充水孔隙度)条件下的甲烷吸收(氧化),从而可以减少酸性土壤中的甲烷排放。

2. 促腐增碳

众所周知,秸秆还田是最有效的土壤有机质补充方式之一,也是我国大力推行的保护性耕作措施,但新鲜秸秆还田由于有机质含量较高将极大促进稻田甲烷的排放,如何在秸秆还田的同时降低甲烷的产生,是稻田固碳减排的一个重大挑战。我国农业部门也越来越多地采用将秸秆与微生物接种剂(细菌和真菌的混合物,旨在加速秸秆分解)结合起来的方法,如针对稻麦轮作系统,采用了在小麦季将水稻秸秆与接种剂(微生物菌剂和金葵子菌剂)结合的方法,有效降低了轮作系统整体温室效应。另外,对于我国广泛分布的稻麦轮作系统,将秸秆施用时间从水稻季节转移到非稻季(小麦季)可以有效避免高甲烷排放,这种做法已被广泛应用。

实际上,作为单项技术,通过不同形式的秸秆还田(稻草粉碎或腐熟还田),能促进土壤微生物碳利用和土壤团聚体稳定性,达到固碳减排的目的。从土壤养分和微生物化学计量学角度讲,通过氮肥和稻草配施调控总体碳氮比,促进外源碳向小分子官能团降解转化,以此促进团聚体物理保护作用,提升土壤碳库的固持,加强稻田土壤碳汇功能,但目前这种秸秆还田与氮肥优化等措施的结合程度还有待提升。

3. 良种丰产

良种是水稻丰产的保证,因其基因型、生长特性、通气组织传输能力的差异,导致筛选培育高产低甲烷排放品种成为可能。不同水稻品种的甲烷排放率差异较大。水稻品种对甲烷排放的影响主要与水稻生长性能有关,即分蘖数、植物地上和地下生物量。水稻植物氮肥利用效率的差异和不同品种对根系甲烷产生和氧化菌群落也存在影响。总之,这种水稻品种之间的排放差异表明从育种基因型角度培育低排放水稻品种的可行性,但目前对基因型如何影响参与甲烷循环的微生物群的了解有限。

4. 减投增效

我国于 2015 年提出化肥零增长计划并于 2017 年底实现了全国化肥总量零增长,但我国主要粮食种植系统都还存在一定的氮盈余,可见,我国农业还需要进一步减量增效。同样,稻田甲烷主要由过量灌溉激发的土壤厌氧菌产生,因此,节水节氮高效生产是稻田甲烷减排的重要选择。从节水节氮角度看,减少稻田甲烷排放的措施主要包括改进水资源管理(单一排水和多次排水)、改进作物残茬管理、改进施肥(使用缓释肥料和特定养分施用等),以及使用土壤改良剂(包括生物炭和有机改良剂等)。这些措施不仅具有缓解潜力,而且可以提高用水效率,减少总体用水量,增强干旱适应能力和整体系统恢复力,提高产量,降低种子、农药、排水和劳动力的生产成本,增加农户收入,提升可持续发展水平。

(二)养殖减排技术

1. 液态粪污储存发酵、酸化储存、好氧堆肥、异位发酵堆肥、功能膜覆膜发酵

①液态粪污储存发酵。液态粪污储存发酵包括敞口储存、黑膜封闭储存、半封闭储存等。②酸化储存。丹麦酸化储存已经商业化,可以使氨排放降低70%。在德国、拉脱维亚等则采用粪污储存还田之前加酸控氨。③好氧堆肥是指在充分供氧条件下,将畜禽粪便集中堆放,通过好氧微生物降解作用将其中的蛋白质、果胶、多糖等有机物质转化为相对稳定的腐殖质状物质的处理过程。④异位发酵堆肥。异位发酵堆肥操作简单、发酵周期短,但受场地和辅料的制约。⑤功能膜覆膜发酵。功能膜是膜覆堆肥工艺的核心部分,其主要由3层膜结构组成。

2. 改湿清粪为干清粪、粪污输送、粪污预处理、固态粪污管理、生物过滤法减排废气

①改湿清粪为干清粪。甲烷是在厌氧条件下产生的。水泡粪或水冲粪会形成厌氧环境,从而增加甲烷的产生量;同时增加养殖场用水量,增加粪污的产生量,使其更加难以处理和利用。改湿清粪为干清粪的方式能够减少粪污排放量,节约用水,而且还会减少甲烷排放量,减少温室气体排放。②粪污输送。养殖场畜禽粪便运输过程有温室气体排放和病原菌传播的风险,应尽量就地消纳,降低环境生态风险。③粪污预处理。固液分离提高粪便收集率,降低污水处理负荷;减少进入厌氧环境的有机物总量,减少甲烷排放。④固态粪污管理。添加生物炭和膨润土可减少温室气体排放。研究发现,添加10%生物炭和膨润土处理猪粪,氧化亚氮累积排放量分别降低19.8%和37.6%。猪粪堆肥过程中的气体排放甲烷损失占初始总碳的4.3%,氧化亚氮损失占初始总氮的0.72%,添加生物炭能同步降低甲烷和氧化亚氮的排放,降幅分别达19.0%和37.5%。⑤生物过滤法减排废气。生物滤池/滴滤池净化含氨气的过程会释放温室气体氧化亚氮。

二、农田土壤固碳增汇技术

(一)农林废弃物科学还田

农林废弃物科学还田是一种重要的农林生态系统固碳减排技术。它指的是将农林废弃物如秸秆和树枝修剪物等作为有机肥料施入土壤,以增加土壤有机质含量、改善土壤结构,并促进资源的循环利用。以往的研究发现,农林废弃物直接还田,能显著增加土壤中有机碳的含量。但是农林废弃物直接还田,会出现病虫害传播增加、土壤污染加剧等问题。尤其是农林废弃物直接还田会通过影响土壤养分循环等,对微生物群落结构与组成等产生显著的影响,从而加速土壤有机碳的分解,增加土壤温室气体的排放。

与农林废弃物本身相比,其在缺氧或者限氧条件下高温裂解而形成的生物质炭,因具有较强的化学稳定性、大孔隙等特点,施入土壤后能够在增加土壤碳库的同时减缓土壤温室气体的排放,已被广泛应用于增加农林生态系统土壤碳库。

(二)科学的施肥技术

施用化肥作为增加农林生态系统经济效益的主要措施之一,被广泛应用于农林经营生产中。长期施用有机肥可显著增加土壤有机质含量及有机碳储量,并提升土壤有机碳固存量。尤其是肥力较差的土壤,有机肥施用效果更为显著。此外,深耕和灌溉相结合的施肥技术,可以有效避免土壤肥力降低和有机碳流失。综上,肥料的合理选择,尤其是肥料类型与用量的选择,对降低土壤碳的损失至关重要。

(三)科学的栽培管理方式

合理的栽培方式和栽培制度能有效促进土壤碳汇功能的增加。例如有机农业,合理减少化学农药和化肥的使用,有助于增加土壤有机质的含量,并降低土壤碳的损失。另外,轮作和间作技术的推广与应用,在一定程度上也能够促进土壤碳汇能力的增加。轮作是指在同一块地上依次种植不同的作物,而间作指在同一田地上于同一生长期内,分行或分带相间种植两种或两种以上作物的种植方式。轮作和间作技术可以有效增加土壤中的生物多样性,促进土壤微生物的活动,提高土壤碳汇能力。此外,合理的水土保持措施,如梯田、沟壑治理和植被恢复等,可以减少土壤侵蚀和土壤质量的退化,从而保持土壤的完整性,增加土壤碳储存的稳定性。

保护性耕作是通过少耕、免耕和地表覆盖秸秆等措施,减少农田水土流失,保护农田生态环境,获得生态、经济和社会效益协调发展的环境友好型耕作模式。保护性耕作与传统耕作相比,前者可以显著增加土壤有机碳含量。保护性耕作还可以提高土壤的固碳能力,减少碳排放。长期采用少耕、免耕的保护性耕作措施能够显著提高表层土壤有机碳储量,但对深层土壤的碳储量影响并不明显,甚至会减少深层土壤碳含量。

另外,农膜技术中地膜因阻碍了土壤与大气的循环会导致土壤二氧化碳浓度上升,并且农膜分解会释放大量温室气体,但与免耕技术相结合后将会减少每公顷6321kg的碳排放量。此外,种植耕作环节技术也会影响土壤温室气体排放,翻耕会破坏土壤结构,影响土壤水稳性团粒结构的形成与稳定性,会使得土壤极易受到侵蚀,从而导致土壤碳的暴露,加快土壤碳的分解速度。

三、农业有机废弃物资源化利用技术

(一)反应器堆肥技术模式

反应器堆肥是将易腐垃圾、人畜粪便、农作物秸秆等有机废弃物,置入一体化密闭反应器中进行好氧发酵。常见的反应器有箱式反应器、立式筒仓反应器、卧式滚筒反应器等。原料经除杂、粉碎、混合等预处理后,调节含水率至45%~65%,置入反应器进行高温堆肥。反应器堆肥发酵温度达到55℃以上的时间应不少于5d,以达到病原菌灭活效果。发酵产物腐熟

后可还田利用,也可用于生产有机肥、栽培基质等。该技术模式自动化水平较高,便于臭气、渗滤液等污染物收集处理,但相比于简易堆沤还田,建设成本较高。

(二)堆沤还田技术模式

堆沤还田是将易腐垃圾、农作物秸秆、人畜粪便等有机废弃物,通过静态堆沤处理后科学还田利用。发酵时间一般不少于 90d。主要设施为堆沤池或堆沤设备,应具有防雨、防渗等功能。该技术模式操作简单、建设和运行成本较低,但发酵周期较长,需采取臭气和蚊蝇控制措施。

(三)厌氧发酵协同处理技术模式

厌氧发酵协同处理是将人畜粪污、农作物秸秆、易腐垃圾等有机废弃物,经过粉碎、除杂、调质等预处理后,置入厌氧发酵罐进行处理,可产生沼气和沼肥。常见的有湿法和干法厌氧发酵,需配套原料预处理设施、进料设备、储气柜、沼肥储存设施等。沼气经过净化、提纯处理后可作为清洁能源使用,沼肥可还田利用或生产有机肥。该技术模式资源化利用率较高,但对稳定运行、安全管理等技术要求较高,适宜原料供应充足、清洁能源需求大、农田消纳能力强的地区。从实践来看,易腐垃圾、厕所粪污等一般可依托现有畜禽粪污厌氧发酵设施进行协同处理,并根据实际情况完善预处理、进料以及其他配套设备。

(四)蚯蚓养殖处理有机废弃物技术模式

蚯蚓养殖处理是将畜禽粪污、易腐垃圾、农作物秸秆等有机废弃物,按一定比例混合、高温发酵预处理后,经过蚯蚓过腹消化实现高值化利用。蚯蚓粪可用于生产有机肥或还田利用,成品蚯蚓可用于提取蚯蚓活性蛋白等。需配套原料预处理设备、幼蚓繁育设施、养殖场地等。该技术模式资源化利用率较高、经济效益较好,但需配套土地用于养殖蚯蚓,并采取污染物防控措施,对养殖技术、管理水平、气候条件要求较高。此外,一些地方也在探索通过养殖黑水虻、蟑螂等处理农村有机废弃物。

本章习题

(1)农业领域的碳排放主要来源有哪些?
(2)请简述种植减排技术的主要内容,以及各项技术的优缺点。
(3)列举几个近年来我国出台的与农业领域碳中和相关的政策和文件,并简述其内容。
(4)什么是堆沤还田技术模式?请举例说明。
(5)请解释农田土壤固碳增汇技术与农业有机废弃物资源化利用技术对农业领域碳中和的影响和作用。
(6)请分析农业碳中和技术发展的必要性。
(7)我国农业碳中和目前处于哪个阶段?与其他领域相比是快是慢?请举 1~2 个例子说明。

(8) 请分析农业碳中和与农业经济和粮食安全的关系。
(9) 请根据自己家乡农业现状,简述自己家乡如何实现农业碳中和。
(10) 设计一个低碳或零碳的农场设计方案,并详细说明设计理念和实施计划。

本章小结

本章主要对农业碳排放与减排方法和农田温室气体减排增汇技术等方面进行了详细的介绍和探讨,通过本章内容,我们可以对当前农业领域碳排放现状和减排增汇技术有更深入的了解。

农业是非二氧化碳温室气体的主要排放源,稻田和反刍动物是甲烷的农业排放源,农田土壤是最大的氧化亚氮释放源,农业生产过程中也会释放相当数量的温室气体。通过了解农业碳排放分布,采取针对性的减排措施,例如种植与养殖减排技术、农田土壤固碳增汇技术、农业有机废弃物资源化利用技术,助力农业领域实现碳中和。

第十二章 碳汇与生态恢复

第一节 碳汇的概念与作用

一、碳汇的概念

碳汇的概念最早由联合国环境规划署提出,后被国际气候变化专门委员会(IPCC)所采纳。"碳汇"一词来源于《联合国气候变化框架公约》缔约国签订的《京都议定书》(UNFCCC),1997年12月,为缓解全球气候变暖趋势,149个国家和地区的代表在日本京都通过了《京都议定书》,2005年2月16日在全球正式生效。该议定书中将碳汇(Carbon Sink)定义为:任何清除大气中产生的温室气体、气溶胶或温室气体前体的过程、活动或机制。

二、碳汇的作用

碳汇的主要作用是减少大气中二氧化碳的浓度,从而减缓全球变暖和气候变化。根据联合国政府间气候变化专门委员会(IPCC)第六次评估报告(AR6),为了将人类活动造成的全球升温控制在一个特定的水平,需要限制累积的二氧化碳排放,即至少实现净零二氧化碳排放,同时大力减少其他温室气体排放。这意味着需要通过二氧化碳移除的方法,从大气中清除部分已经排放的二氧化碳。IPCC预测,如果要将全球升温控制在1.5℃以下,21世纪需要从大气中移除(1000~1500)亿t二氧化碳;如果要将全球升温控制在2℃以下,21世纪需要从大气中移除(500~1000)亿t二氧化碳。

除了降低大气中二氧化碳的浓度之外,碳汇还可以提高生态系统的服务功能、保护生物多样性和促进社会经济发展。例如,森林碳汇不仅可以吸收和储存二氧化碳,还可以提供木材、食物、药物等物质产品,调节水文、净化空气、防止土壤侵蚀等,以及提供美观、休闲、教育等文化服务。海洋碳汇不仅可以吸收和储存二氧化碳,还可以提供鱼类、贝类、海藻等食物资源,调节气候、缓解海平面上升、保护海岸线等,以及提供旅游、娱乐、科研等社会价值。碳汇的建设和管理还可以创造就业机会、增加收入水平、改善民生福祉,从而促进可持续发展。

第二节 负排放技术

负排放技术种类繁多,并且还在不断的发展中。根据碳移除的不同原理,负排放技术主要可以分为两大类:一类是基于生物过程的负排放技术,利用光合作用吸收大气中的二氧化碳,并将碳固定在植物、土壤、湿地或海洋中,主要包括植树造林、土壤固碳、生物质能碳捕集与封存(BECCS)、生物碳、蓝碳和海洋施肥等技术;另一类是基于化学手段的负排放技术,利用化学或地球化学反应吸附或捕集大气中的二氧化碳,并进一步封存或利用,主要包括直接空气捕获(Direct Air Capture,DAC)和加速矿化两大类。

一、陆地碳汇

(一)森林碳汇

森林碳汇是指通过森林植物的光合作用,从大气中吸收和固定二氧化碳在植被和土壤中的过程。虽然森林面积只占陆地总面积的1/3,但森林植被区的碳储量几乎占陆地碳库总量的一半。

改革开放以来,随着我国重点林业生态工程的实施,植树造林取得了巨大成绩。对于发展中大国,经济需要发展,通过植树造林活动吸收二氧化碳,抵减部分工业的温室气体的排放,减轻中国面对的国际碳减排压力,是最可行、最有效的措施之一。表12-1总结了中国在碳汇工作及相关领域的重要进展和事件。

表12-1 中国碳汇工作进程

2004年	碳汇工作开始起步。国家林业局在广西利用世界银行生物碳基金开展造林再造林项目作为碳汇试点,四川、云南利用保护国际筹集的资金启动碳汇试点。继续推进碳汇项目,实施天然林资源保护、退耕还林等工程,预计未来50年净增森林面积9066万hm^2
2010年	中国温室气体排放占发展中国家总量的50%、全球总量的15%。中国从低能源消耗国家转变为高耗能国家,二氧化碳排放增加。预计2050年中国能源消耗将占全球总消耗的60%
2009年12月	在联合国气候变化峰会上强调,到2020年在2005年基础上增加森林面积4000万hm^2和森林蓄积量13亿m^3。年底国家发改委公布《林业产业振兴规划》,扩大林业信贷扶持政策
2022年2月23日	黑龙江省首例森林碳汇签约仪式在伊春举行,交易金额500万元,标志着推进生态价值转换的新步伐
2022年4月	内蒙古自治区首单森林碳汇价值保险于3月28日在呼伦贝尔市鄂温克族自治旗成功落地,由中国人寿财产保险有限公司内蒙古分公司提供36.14万元森林碳汇价值风险保障
2022年6月26日	中国林学会发布"十三五"期间林草科技十大进展,开发竹林碳汇多尺度联合监测技术体系,实现竹林碳汇时空动态的快速准确计测,为实现我国森林质量精准提升和森林碳汇精准估测提供重要科技支撑

(二)草地碳汇

草地碳汇是一个重要但尚未被充分研究的领域。尽管国内学界还没有对草地碳汇进行明确界定,但其固碳能力不容忽视。草地碳汇的独特之处在于它主要将吸收的二氧化碳固定在地下土壤中,而地上部分植物的固碳比例相对较小,仅占总固碳量的约10%。

草地土壤的有机碳主要来源于植物的残根。由于这些残根位于较深的土层且分解速率较慢,草地土壤的有机碳密度通常高于森林土壤。事实上,全球草地碳储量占陆地生态系统碳总储量的2.7%~15.2%,凸显了其在全球碳循环中的重要作用。

值得注意的是,多年生草本植物展现出更强的固碳能力。随着我国退耕还林、还草工程的持续推进,草地碳汇的重要性日益凸显。特别是在退化草地的修复过程中,固碳增量表现得更为显著。这些因素共同为充分发挥草地的固碳作用提供了重要契机,同时也强调了进一步研究和保护草地生态系统的必要性。

1981—2000年,中国草地的年平均碳汇为 7 Tg C·a^{-1}。在各个草地类型中,冻原和高山草地、温带湿润草地及半荒漠草地是中国草地碳汇的主要来源,年碳汇潜力占中国潜在草地年碳汇潜力的93.29%。草地减排增汇潜力较大,这受到草地利用方式和管理水平(如开垦、放牧方式不同等)的影响。但是,由于人口的快速增长和对食物及能源的高需求,草地的长期紧张利用导致中国大规模的生态系统退化,生物量和土壤碳储量大量损失。

研究表明,1982—2006年期间,中国草地的年平均碳汇约为 14.5 Tg C·a^{-1}[1]。在各个草地类型中,温带草原是中国陆地生态系统碳汇的主要贡献者之一。草地的碳汇潜力受到利用方式和管理水平的显著影响,例如,适度放牧可以增加草地的碳储存,而过度放牧则会导致碳损失。然而,由于人口的快速增长和对食物及能源的高需求,草地的长期紧张利用导致中国大规模的生态系统退化。根据中国科学院2015年的数据,中国约有90%的可利用天然草原处于不同程度的退化状态,这导致了生物量和土壤碳储量的大量损失[2]。尽管如此,通过改善管理实践,草地仍然具有显著的减排增汇潜力。

草原是我国仅次于森林的第二大碳库。据测算,我国草原碳总储量占我国陆地生态系统碳总储量的16.7%,我国的草原生态系统碳储量占世界草原生态系统碳储量的8%左右。典型草原和草甸蓄积了全国草原有机碳的2/3。我国草原碳汇潜力巨大。自20世纪90年代以来,国内专家学者利用不同方法对我国草原的生物量碳库和土壤碳密度进行了估算,其中草原植被碳储量为(10.0~33.2)亿t,草原土壤碳储量为(282~563)亿t[3]。

草原的碳汇功能主要集中在土壤层中,土壤碳库约占草原生态系统碳库总量的90%以上。综合比较来看,草原固碳更为稳定、成本更低,草原固碳的成本是森林固碳的44%。从经

---

[1] Fang J, Yang Y, Ma W, et al., 2010. Ecosystem carbon stocks and their changes in China's grasslands. Science China Life Sciences, 53(7), 757-765.
[2] 中国科学院. 2015. 中国生态系统碳通量观测研究数据集. 中国科学院资源环境科学数据中心.
[3] 国家林业和草原局. (2023-3-28). 我国草原碳汇潜力巨大. 中国绿色时报. https://www.forestry.gov.cn/c/www/cy/363995.jhtml.

济效益上来说,草原的碳库功能将更节约成本,良性循环的草原生态系统可以增加碳储量。由于过度放牧等不合理的开发利用和气候变化等因素的影响,我国70%的天然草原发生了不同程度的退化。据估算,目前通过实施种草改良4600万亩(1亩≈666.67m^2),落实38亿亩草原禁牧和草畜平衡,我国草原每年固碳能力可达1亿t。

(三) 土壤碳汇

土壤是陆地生态系统中最大的碳库载体。全球陆地1m深土壤碳储量约15 000亿t,是大气碳库的2倍,是陆地植被碳库的2~3倍。如果全球1m深的土壤有机碳库增加1‰,将导致大气二氧化碳浓度减少1mg/L,可极大减缓全球二氧化碳净排放。

农田土壤碳库作为陆地生态系统中受人为扰动最剧烈的碳库,对维护生态系统碳平衡发挥着不可替代的作用,是在较短时间尺度上可快速调节的碳库。农田土壤固碳方式与森林碳汇不同,后者是通过地面植被光合作用吸收和固定二氧化碳的自然过程,而前者通过改进农业种植技术、调整耕作措施、增施有机肥等人工活动实现碳汇的快速增加。

土壤碳汇量与土壤有机碳含量有明显相关关系,一般来说,同等条件下有机碳含量低的土壤碳汇能力较强。农田土壤碳汇是我国陆地生态系统碳汇最重要的组成部分之一,我国农田面积约20亿亩,占陆地面积约14%。根据农业农村部监测数据估算,截至2018年底,全国农田耕层土壤有机碳含量平均值为13.0~14.4g/kg,低于世界平均水平,仅达到欧美等发达国家的60%。我国南方农田土壤有机碳含量为0.8%~1.2%,华北地区土壤有机碳含量为0.5%~0.8%,西北地区大都在0.5%以下。因此,我国农田土壤碳汇有着很大的空间。在人为管理措施的影响下,如采取良好的农田管理措施,我国农田土壤将会表现出明显的碳汇功能。据估算,至2060年,我国农田土壤碳汇量可以达到每年1.8亿t二氧化碳当量,累计增加70亿t二氧化碳当量以上,是仅次于森林碳汇的生态系统碳汇来源,土壤碳汇潜力巨大。

畜禽粪污、食用菌废弃菌渣、农作物秸秆和农产品加工废物还田利用等资源化利用方式,能快速、低成本甚至负成本地增加农田碳汇。据农业农村部数据,我国每年产生畜禽粪污约38亿t,秸秆可收集资源量约9亿t,还有大量的农产品加工有机废物,这些废物若采用传统的治理方式,将需要消耗大量化石能源和化学药剂,并释放大量二氧化碳。通过农田利用将有机废物的碳"固碳于土",不仅可以增加农田土壤碳汇,还有利于促进有机废物废水零排放和碳排放大幅削减,实现"减污降碳增汇"的协同效应。森林种植成本为1000元/hm^2以上,另外还有约150元/a的管护成本,相比之下,以与农业活动相结合的方式增加农田碳汇的方式,其成本较低甚至接近零成本,因此增加农田碳汇具有低成本高效率的特征。

虽说农田土壤碳汇在固碳增汇方面存在显著的优势,但当前我国对农田土壤碳汇重视严重不足。因此,目前我国有必要借鉴森林碳汇发展的成功经验,建立和完善农田土壤碳汇技术支撑体系,研究制定促进农田土壤碳汇发展的政策和激励机制,将增加农田土壤碳汇纳入我国碳达峰碳中和行动方案中,助力我国碳达峰碳中和总体目标的实现。

二、海洋碳汇

海洋碳汇又称"蓝色碳汇"或"蓝碳",与陆地的"绿色碳汇"相对应,是海洋生物通过光合作用、海水的溶解和红树林、盐沼、海草床、渔业资源、微生物等海洋生态系统的生物，吸收和存储大气中的二氧化碳等温室气体的过程、活动和机制。

联合国环境规划署的报告认为，海洋生物（特别是海岸带的红树林、海草床和盐沼）能够捕获和储存大量的碳。蓝碳的封存时间比较长，可以达到上千年的时间尺度。蓝碳的捕获效率高，海岸的面积仅占全球海床面积的0.2%，但它却贡献了海洋沉积物碳总量的50%。海洋吸收了约30%的人为二氧化碳排放量。海洋碳汇是将海洋作为一个特定载体吸收大气中的二氧化碳，并将其固化的过程和机制。地球上超过一半的生物碳和绿色碳是由海洋生物（浮游生物、细菌、海草、盐沼植物和红树林）捕获的，单位海域中生物固碳量是森林的10倍，是草原的290倍。

海洋是地球上最大的活跃碳库，储存了地球上约93%（约40万亿t）的二氧化碳，在固碳增汇方面扮演着举足轻重的作用。据估计，自18世纪以来，海洋吸收的二氧化碳已占化石燃料排放量的41.3%左右和人为排放量的27.9%左右，地球上55%的生物碳或绿色碳捕获是由海洋生物完成的。积极推动海洋碳汇发展，开发海洋负排放潜力，是实现国家"碳中和"战略目标的重要支撑路径。

我国海岸带蓝碳总碳储量为13 877万~34 895万t二氧化碳，年固碳量为126.9万~307.7万t二氧化碳，其中主要贡献者为盐沼，其年碳汇量为96.5万~274.9万t/a。我国海岸带蓝碳增汇潜力巨大，我国可预期、可施行的海岸带蓝碳增汇量为398万~602万t二氧化碳。

三、CCUS技术

碳捕集、利用与封存是指将CO_2从工业过程、能源利用或大气中分离出来，直接加以利用或注入地层以实现CO_2永久减排或回收利用，以制造有用的材料的过程。

（一）CCUS发展进程

1. CCS

碳捕集与封存（CCS）是指将CO_2从工业排放源中分离后直接加以封存，以实现CO_2减排的工业过程。现代意义的CO_2捕集、运输与封存作为减少人为排放CO_2的概念，最早由意大利学者Marchetti提出。

1996年开始的挪威Sleipner CCS项目和2000年开始的IEA温室气体研究与开发计划机构（IEAGHG）Weyburn-Midale CO_2监测与封存项目（简称Weyburn项目），则是国际上最早开展的对人为排放CO_2进行大规模捕集、利用与封存的示范项目。Sleipner CCS项目是科学研究及大规模商业化示范项目。

当今世界，控制二氧化碳等温室气体排放，应对气候变化给人类生存和发展带来的严峻挑战，已成国际社会广泛共识。CCS是实现长期绝对CO_2减排的战略性技术。CCS在全球陆上理论CO_2埋存容量为6万亿~42万亿t，是2019—2060年全球累积CO_2排放量的5~37

倍。CCS 主要集中于发达国家,加拿大制氢、美国制乙醇的单体项目规模最大,年埋存百万吨。

然而,CCS 大型项目整合和封存安全性均存在诸多挑战,尤其工程投资巨大、运行成本高,必须依靠国家政策大力扶持来获得效益。

2. CCUS

CCUS 在 CCS 的基础上添加了碳利用过程,延展了碳产业链条,更具有商业价值。CCUS 理念是随着对 CCS 技术认识的不断深化(图 12-1),在中、美两国的大力倡导下形成的,是将"碳负债"转化为"碳收益"的主要技术之一,具有社会效益与经济效益"双赢"特性,已获得国际社会的普遍认同。

CO_2 化工和生物利用前景较为广阔,制化肥和食品级商业利用是目前较成熟的碳利用项目。近年来国外有很多新兴的碳利用方向,如荷兰和日本均有较大规模的将工业产生的 CO_2 送到园林,作为温室气体来强化植物生长的项目。国内新兴的碳利用方向主要有 CO_2 加氢制甲醇、CO_2 加氢制异构烷烃、CO_2 加氢制芳烃、CO_2 甲烷化重整等,但大多都处在催化剂研究的理论研究阶段或中试阶段。

CCUS-EOR 技术可以通过 CO_2 把煤化工或天然气化工产生的碳源和油田联系起来,有较好的收益。该技术通过把捕集来的 CO_2 注入油田中,使即将枯竭的油田再次采出石油的同时,也将 CO_2 永久地储存在地下。

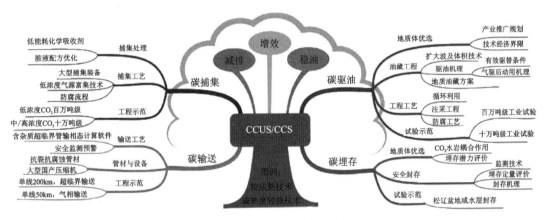

图 12-1　CCUS 与 CCS 对比图

(二)CCUS 流程

按照技术环节,CCUS 主要分为 CO_2 捕集、CO_2 输送、CO_2 利用和 CO_2 封存。

1. CO_2 捕集技术

CO_2 捕集是指在电力或钢铁、化工、水泥等大型工业设备用能过程中将产生的 CO_2 分离和富集的技术,主要包括燃烧前捕集、燃烧后捕集和富氧燃烧 3 种捕集技术。

(1)燃烧前捕集指的是,燃料用蒸汽和空气(或氧气)预处理产生主要由 CO 和 H_2 组成的合成气。然后,合成气与蒸汽进行水煤气变换反应,形成 CO_2 和 H_2。在这个过程中,CO_2 被分离出来并捕集,而 H_2 可以作为清洁燃料使用。这种方法的目的是在燃烧之前就捕集 CO_2,从而减少最终燃烧过程中 CO_2 的排放。

(2)燃烧后捕集是在燃料燃烧后从烟道气中捕获 CO_2。燃烧后捕集技术是目前国内最成熟、最常用的 CO_2 捕集技术。它包括:①利用化学吸收剂氨、胺或碱性溶液,与气态 CO_2 接触,形成可溶于液相的化合物。随后,通过加热或降压,将 CO_2 从吸收剂中分离出来的吸收剂技术;②利用固体吸附剂活性炭、金属有机骨架材料(MOFs,Metal-Organic Frameworks)和纳米多孔材料等吸附 CO_2 的吸附剂技术;③利用有特定的孔径和选择性,可以允许 CO_2 通过,而将其他气体阻隔的半透膜对 CO_2 进行分离的膜分离技术;④使用特定的吸收剂包括胺类化合物,如单乙醇胺、二乙醇胺和甲基二乙醇胺等与 CO_2 发生化学反应,将 CO_2 从气体流中吸收和分离出来的化学吸收技术。

(3)富氧燃烧,燃料在纯氧中燃烧,产生的气体主要由 CO_2 和水蒸气组成,水蒸气通过冷凝的方式去除,从而得到高浓度的 CO_2。

2. CO_2 输送技术

CO_2 输送是将捕集的 CO_2 通过管道、船舶等方式运输到指定地点。

陆地运输一般指罐车运输,具有灵活性高、成本低和技术简单等优点,但不适用于长距离运输;船舶运输具有适用于长距离运输、运载量大等优点,但也存在成本高、耗费时间长等缺点;管道运输具有运载量大、速度快、自动化程度高等优点,但其缺点是技术复杂、投资成本高等。

3. CO_2 利用技术

CO_2 利用是指通过工程技术手段将捕集的 CO_2 实现资源化利用的过程,利用方式包括化学利用、生物利用、地质利用等。

化学利用是指通过催化加氢、光化学等复杂的化学过程,将 CO_2 转化为各种具有实际利用价值的化合物,主要包括利用 CO_2 合成甲醇、碳酸盐、羧酸或碳酸酯、烯烃和液体燃料等。

生物利用是将 CO_2 与合成生物学(合成生物学是一门结合了生物学、工程学和计算机科学等领域知识的新兴交叉学科,旨在设计和构建新的生物系统或重新设计现有的生物系统)相结合,利用生物体(主要是微生物和植物)的代谢过程来固定和转化 CO_2 的方法。在 CO_2 生物利用中,这可能包括改造微生物或植物以提高 CO_2 吸收效率,设计新的生物代谢途径将 CO_2 转化为有用产品,或创造专门用于 CO_2 捕集和转化的新生物系统。这种方法旨在将 CO_2 从导致环境问题的因素转变为有价值的资源。具体应用包括制造食品和饲料、生物肥料、化学品和生物燃料等。相关技术有微藻转化有机肥料技术、微藻转化添加剂技术、CO_2 温室增产利用技术,以及以 CO_2 为原料的淀粉合成技术。通过这些创新方法,生物利用技术不仅有助于减少大气中的 CO_2 含量,还能创造新的经济价值。

地质利用是指将大量的 CO_2 注入地下,从而达到强化能源生产、促进资源开采的目的。

包括CO_2强化采油技术、强化天然气采集技术、强化煤层气采集技术、地浸采铀技术等。

4. CO_2封存技术

CO_2封存是通过一定技术手段将捕集的CO_2与大气长期隔绝的过程,封存方式主要包括地质封存和海洋封存。

目前,地质封存仍是CO_2封存的主要方法。CO_2地质封存是指通过管道将CO_2注入具有特定地质条件和特定深度的地下。封存地点主要选择枯竭的油田、可开采的煤层海洋、深部咸水层等。

(三)CCUS作用

在碳中和目标下,以CCUS/CCS为基础的低成本、高能效的碳产业将是世界各国实现碳中和目标的关键产业和新兴产业之一。CCUS是国际公认的三大减碳途径之一,是目前实现大规模化石能源零排放利用的唯一选择。

全球碳捕集与封存技术发展已40余年,尤其在CO_2驱油领域取得了丰富的研究与实践经验。就整个CCUS产业而言,受经济成本的制约,目前仍处于商业化的早期阶段。

IEA的研究表明,基于2070年实现净零排放目标,到2050年,需要应用各种碳减排技术将空气中的温室气体浓度限制在$450×10^{-6}$以内,其中CCUS的贡献为9%左右,即利用CCS技术捕集的CO_2总量将增至约56.35亿t,其中利用量为3.69亿t,封存量为52.66亿t。到2070年,化石燃料能效提升与终端用能电气化、太阳能/风能/生物质能/氢能等能源替代、CCUS是主要碳减排路径,累计减排贡献的占比分别可达40%、38%和15%。

对于中国而言,到2050年,电力、工业领域通过CCUS技术实现CO_2减排量将分别达8亿t/a和6亿t/a。如果要将净零目标从2070年提前到2050年,全球CCUS设施数量必须再增加50%。

本章习题

(1)碳汇如何帮助减缓全球变暖和气候变化?请列举至少两种具体的生态系统服务。
(2)概括森林碳汇发展历史与实现途径?
(3)草地碳汇的影响因素包括哪些?
(4)陆地碳汇主要包括哪些内容?
(5)简述海洋碳汇的重要性。
(6)简述CCUS技术工作原理及其流程。
(7)比较燃烧前捕集、燃烧后捕集和富氧燃烧三种碳捕集技术的优缺点。
(8)负排放技术主要分为哪两大类?请分别举例说明。
(9)解释什么是生物利用技术,并举例说明其应用。

本章小结

本章主要介绍了碳汇对生态恢复的作用,以及相关负排放技术。

碳汇定义为任何清除大气中产生的温室气体、气溶胶或温室气体前体的过程、活动或机制。碳汇的主要作用包括减少大气中二氧化碳的浓度,从而减缓全球变暖和气候变化、提高生态系统的服务功能、保护生物多样性和促进社会经济发展等。

碳汇主要分为陆地碳汇和海洋碳汇。其中陆地碳汇包括森林碳汇、草地碳汇、土壤碳汇等。并从各类碳汇的历史发展情况、实现途径、发展现状和发展策略等方面展开描述。

CCUS作为目前主要的负排放技术,本章对其介绍也相对较多。主要从包括CCUS发展进程、CCUS流程、CCUS作用等多方面进行介绍。

"双碳"战略的底层逻辑

第十三章 政治视角下的"双碳"战略

第一节 "双碳"战略对国家能源安全和经济发展的影响

一、"双碳"战略给国家能源安全带来的挑战与机遇

根据总体国家安全观的体系内涵,能源安全作为非传统安全的一种,已经上升到国家安全的高度,其既是经济安全的重要体现,也与经济安全同为总体国家安全观的重要组成部分。

在当前的国内国际形势下,我国已经确定了"四个革命、一个合作"的能源安全新战略,以适应新的发展需要并坚定地走高质量发展道路。这一战略对我们国家的能源安全具有重要的指导意义。

能源供给是能源安全研究中的基础命题,它在很大程度上决定了研究语境的选择。一般来说,能源安全包含 5 个维度:供应的安全、需求的安全、可获的安全、可支付的安全和可持续的安全。其中,供应的安全的基础性地位尤为显著。

在"四个革命、一个合作"能源安全新战略中,能源供给安全同时是各组成要素良性互动形成协同系统优势的基础。从能源消费革命看,其核心在于抑制不合理能源消费,主要在减轻能源供给压力的基础上形成能源供需平衡。从能源技术革命看,其目标在于通过技术创新推动产业升级,并以此带动能源供给规模扩大与质量提升,同时优化能源消费方式与过程,实现高质量发展中的能源供需平衡。从全方位加强国际合作看,其目的是在互利共赢、平等互惠的基础上通过加强能源领域国际合作交流,凭借国际能源贸易、能源投资等国际合作方式,推动我国能源供给来源的多样化,以稳定、持续、经济的能源供给保障国家能源安全。因此,我们要重视能源供给安全在我国能源安全新战略中的基础性地位,它是实现国家能源安全目标的基础保障,一旦能源供给安全发生波动,将对国家能源安全形成直接威胁。

从我国国家安全立法对能源安全的基本定位来看,保障能源安全是维护国家安全任务的重要组成部分。我国《国家安全法》第 21 条对能源安全做出了明确规定:"国家合理利用和保护资源能源,有效管控战略资源能源的开发,加强战略资源能源储备,完善资源能源运输战略通道建设和安全保护措施,加强国际资源能源合作,全面提升应急保障能力,保障经济社会发展所需的资源能源持续、可靠和有效供给。"不难看出,保障能源供给是我国国家安全立法所确认的维护国家能源安全的基本出发点。

二、"双碳"战略给经济发展带来的挑战与机遇

"双碳"战略既是挑战,又是机遇。从挑战层面看:我国高耗能产业的能效水平已经是世

界先进水平,通过再次提升能效的方式控制碳排放的空间已经非常有限,而控制与减少碳排放或会通过约束第二产业的增长速度拖累经济增长;碳交易将"绿色成本"显性化,后续随着纳入碳交易的行业扩大、碳价格的市场化,企业成本或会有所上升;"双碳"目标背景下高碳行业预期风险或会上升,并可能向金融行业有所传导。从机遇层面看,能源转型将带动替代性投资和连带性投资同时增加,从而为经济提供新的增长点。"双碳"目标正在倒逼行业深研低碳方式,从而实现产业转型,包括低碳零碳技术,碳吸收、碳中和技术和新能源、电气化相关的技术领域。

(一)"双碳"战略给经济发展带来的挑战

控制与减少碳排放会通过约束第二产业的增长速度拖累经济增长。从单位产品耗能来看,我国高耗能行业的能效水平已经是世界先进水平,因此控制与减少碳排放是达到"双碳"目标的必由之路。能源是当前经济发展,特别是第二产业发展的主要投入要素之一。发达经济体的人均GDP较高,在其工业化阶段对应着较高的能源投入,因而人均一次能源消费量也普遍较高,随着第三产业在经济结构中的占比不断增加,发达经济体实现了较为"自然的"碳达峰。与发达经济体所处的经济发展阶段、碳排放阶段不同,我国第三产业经济占比相对于发达国家依然较低,第二产业发展仍需要大量的能源投入,在此背景下控制与减少碳排放会对经济增长产生相对较大的约束。我国碳排放来源主要分为能源供给排放与重点行业排放两部分,因此碳控制与碳减排要么来源于能源供给限制,要么意味着重点行业产能或产量限制。从能源最终使用流向来看,能源供给最终主要用于第二产业,其中制造业能源消费与碳排放的占比最大。从碳排放量占比来看,第二产业也是碳排放的主要来源。无论是采取能源供给限制,还是重点行业排放限制,最终会限制第二产业特别是制造业的增长速度,而制造业是支撑我国投资、就业的主要力量。此外,石油燃料消耗也会产生较大的碳排放,因此减排也会给交通运输等第三产业的增长带来一定的限制。

碳交易将"绿色成本"显性化,后续随着纳入碳交易的行业扩大,以及碳价格的市场化,相关行业企业成本会有所上升。全国碳排放权交易市场(简称碳排放市场)是实现碳达峰与碳中和目标的核心政策工具之一。2021年7月16日,全国碳排放权交易市场开市,2225家发电企业被首批纳入,未来覆盖行业将逐步扩大至石化、化工、建材、钢铁、有色金属、造纸和民航等行业,碳交易产品包括全国碳配额与CCER现货。以当前纳入的发电企业为例,据相关测算①,在有偿配额比例5%、碳价格150元/t的情况下,碳交易费用或达发电总成本的3%。碳排放将成为火电机组在电力市场报价的重要因素之一,从而降低火电的价格优势,或将间接影响火电设备利用小时数,带来一定提价减量的情况。

"双碳"目标背景下高碳行业风险或会上升,并可能向金融行业传导。推动低碳转型将给高碳企业经营增加一定压力,特别是煤电、钢铁、化工等行业如果不重视减排,可能将面临市场空间收窄、收益下降、融资成本上升等相关经营风险,与之对应,金融机构持有的高碳资产风险敞口可能面临会扩大。2020年10月,生态环境部、发改委、人民银行、银保监会、证监会

---

① 董超、林汐淳,碳排放市场来了,电力交易如何接招,《南方能源观察》,2021年1月.

联合发布《关于促进应对气候变化投融资的指导意见》,预计未来低碳因素标准和要求将纳入相关绿色金融政策文件。在"双碳"举措逐步落地过程中,如果金融机构与高碳企业没有及时做出改变,一旦针对传统高耗能行业的信用收缩过快,可能会带来高碳资产价值下跌与金融信贷收缩,形成负向反馈。

(二)"双碳"战略给经济发展带来的机遇

"双碳"战略为中国经济社会高质量发展提供了方向指引,是一场广泛而深刻的经济社会系统性变革。为在短时间内实现"双碳"战略,中国必须主动在能源结构、产业结构等方面进行全方位深层次的变革,因此未来几年将成为经济转型升级的重要窗口期。从长远看,"双碳"战略的提出在拉动相关产业投资和倒逼行业技术革新两个方面带来机遇。

"双碳"战略将促进能源行业的转型,催生新一轮发展的新动能,由此会带动相关产业的投融资规模增加。能源转型拉动相关产业投资增加主要包括两个方面。第一是新能源领域的替代性投资。碳中和目标蕴藏着巨大的发展机遇,碳中和的实现也有赖于投资退出高碳领域,以及更多的资金流入低碳或零碳领域。为实现"双碳"目标,在新能源汽车、风电、光伏等非化石能源领域的投资需求将大幅度提高。高耗能、高排放产业为实现快速降低碳排放,需要新增大量清洁能源设备、低碳排放设备等技术改造投资和低碳、零碳等技术投资。这些替代性投资需求分布在能源、工业、建筑、交通等众多行业领域。第二是能源转型拉动的连带性投资。围绕新能源领域上下游产业、服务型行业将得到较好的发展前景。例如,电力行业为实现碳排放目标,与之相关的新兴制造业将会兴起。交通运输行业中新能源汽车领域的上下游企业,如以电池制造、永磁体材料为主的制造业和有色金属行业,以及新能源汽车推广和汽车租赁运营相关的服务型行业将有较高的发展空间。此外,能源转型也离不开绿色金融、通信行业的支撑。

"双碳"战略正在倒逼行业深研低碳方式,从而实现产业转型。"双碳"战略倒逼产业转型升级,其技术革新主要体现在两个方面。第一是"低碳零碳"技术、碳吸收、碳中和技术或将取得长足进步。能源系统的快速零碳化是实现碳中和愿景的必要条件之一,需要以全面电气化为基础,全经济部门普及使用零碳能源技术与工艺流程,完成从碳密集型化石燃料向清洁能源的重要转变。碳吸收技术可为以可再生能源为主的电力系统增加灵活性,主要包括现有的8项负排放技术和生物质能碳捕获和封存(BECCS)技术,以及碳捕获、利用与封存(CCUS)技术。"双碳"政策的提出可以倒逼技术的进步,使得碳达峰、碳中和的目标可以实现。第二是新能源、电气化相关的战略性新兴产业技术或将取得一定突破。2017年,国家发改委和国家能源局明确提出,到2030年新增能源需求主要依靠清洁能源满足,并且工业需要进一步向高附加值、低排放等方向转型。这就需要提高工业电气化率,实现清洁燃料替代,加快推进工业零碳化。另外,交通业要推广道路交通电动化。中国海南省已经出台了燃油车禁售政策,提出了乘用车上市新车全电动时间表。在"双碳"战略的要求下,倒逼政府和企业提高交通系统总体效率,通过优化城市规划降低机动车出行需求,发展新能源相关技术,满足"双碳"战略的要求。

第二节 政治视角下"双碳"战略的实现路径

虽然中国实现"双碳"战略具有较好的经济基础、社会基础、技术基础和政策基础,但是由于碳排放压力、能源结构转型压力、技术水平限制和经济结构转型压力的限制,中国实现"双碳"目标需要在政府全面引领下制定详细的发展规划和实施方案,并系统整合政府政策、民间资本、企业动力和民众支持力量,形成全国范围的综合治理和综合低碳发展局面。其中,政府的综合治理和发展政策是有效实现"双碳"目标的关键。本书认为,为实现我国"双碳"目标,政治层面的实现路径应该包含4个层次:第一层次是以习近平总书记提出的新发展理念为引领,确立"双碳"战略的核心发展理念;第二层次是将"双碳"目标与供给侧结构性改革有效结合起来,实现低碳发展和供给侧结构性改革的战略融合;第三层次是在理念引领和战略融合的基础上,将能源结构优化升级和产业结构优化升级作为实现"双碳"目标的核心任务,力求实现"双核"升级;第四层次是政府通过技术支持、财政支持和绿色金融等支持性手段为"双核"升级提供多维度保障。上述4个层次相辅相成,共同构成了中国"双碳"目标实现的政治路径,具体如图13-1所示。

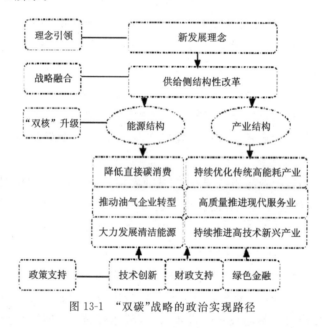

图13-1 "双碳"战略的政治实现路径

一、第一层次:理念引领——新发展理念

首先,新发展理念是指在经济发展过程中应该坚持创新、协调、绿色、开放、共享的基本理念,习近平总书记强调新发展理念是"指挥棒"和"红绿灯",并在2021年政治局会议上强调完整准确全面贯彻新发展理念。因此,"双碳"战略的实现需要以新发展理念为引领,将新发展理念贯彻在低碳发展目标实现的整体过程中。在新发展理念中,创新发展重点强调技术创新,强调进一步提升科技进步对中国经济增长的促进作用。由于中国碳发展目标实现中还面

临着较显著的技术进步制约,因此需要重点创新相应碳处理技术和清洁能源技术。协调发展重点强调的是进一步重视产业结构不平衡和区域发展不平衡问题,实现经济的产业结构升级和区域协同发展。中国"双碳"目标实现过程中存在显著的能源结构协调和产业结构协调问题,应以协调发展理念作为引领。绿色发展理念本身即是"双碳"战略的题中之义。开放和共享理念强调经济发展的内外联动和社会公平问题,"双碳"目标的实现绝不是中国的单方面任务,而是和世界经济一体化进程紧密联系在一起的,需要和国际社会协同治理。不仅如此,"双碳"目标的实现也不仅是为经济发展中某部分群体的可持续发展服务的,而是服务于全体人民的,"双碳"战略目标的实现过程中需要引入开放和共享理念。综上,只有全面引入新发展理念,才能真正实现创新协调、开放共享的"双碳"战略目标。

二、第二层次:战略融合——"双碳"战略与供给侧结构性改革

其次,中国应该将"双碳"目标与供给侧结构性改革有效融合,实现总体发展战略的高度融合。从实际情况看,供给侧结构性改革的目标与碳中和战略目标具有高度重合性。供给侧结构性改革主要调整的结构包括排放结构、区域结构和产业结构3个组成部分,其中调整排放结构的目标是进一步降低"三废"排放和二氧化碳排放,提高经济环境承载能力,促进宏观经济绿色发展,该结构调整目标与碳中和目标是一致的。区域结构调整主要通过对人口分布结构的调整和区域经济发展不平衡的调整进一步优化全国的经济发展区域布局,在此进程中涉及不同区域的经济发展协调问题,而碳达峰和碳中和目标的实现过程中也涉及区域经济发展之间的协调问题,二者在具体工作上具有高度重合性。产业结构调整主要是进一步降低高耗能、高污染产业的比重,提升高附加值产业和低能耗产业的比例,这和"双碳"目标具有内在一致性。因此,"双碳"目标和供给侧结构性调整在具体调控路径和战略目标上具有高度相近性,中国应该将"双碳"目标和供给侧结构性改革有效融合,以"双碳"目标的推进作为重点抓手进一步深化供给侧结构性改革,同时以供给侧结构性改革为指导促进"双碳"目标的科学实现。

三、第三层次:"双核"升级——能源结构升级与产业结构升级

再次,"双碳"目标的实现需要以能源结构升级和产业结构升级为核心着力点,只有高质量地实现了这两个结构升级,在具体工作中坚持能源结构和产业结构升级的"双核"升级,才能真正实现"双碳"目标。在能源结构升级方面,中国应该从3个角度入手。一是努力降低煤炭能源的直接性消耗,针对目前以消耗煤炭为主的企业实施精准碳排放绩效考核体系,并对这些企业的投融资决策和资产配置问题进行系统优化转型,实现以煤炭消耗为主企业的生产运营过程的低碳发展。与此同时,中国还应该积极促进煤炭能源为主企业的数字化发展水平,促进这些企业利用人工智能技术提高煤炭能源效率,从而有效降低煤炭能源的直接性消耗。二是通过精准政策扶持推进油气等传统能源产业的战略转型。从现实看,中国有十余家能源型的国有企业,还有很多从事油气生产和服务的化石能源企业,这些企业为中国工业发展提供了主要的油气能源,中国应该进一步加强对这些企业的战略转型引导,有效推进中国能源结构的转型进度。三是高质量提升清洁能源发展水平,进一步加快风电、太阳能和氢能

在内的清洁能源技术研发速度,努力构建清洁能源技术服务平台,有效提升清洁能源的研发水平及交易效率。

在产业结构升级方面,中国应该从3个角度入手:一是持续推进传统高能耗产业的战略转型,努力加强用绿色低碳的相关技术和工艺对传统高能耗产业进行改造升级,不断提升不同产业中低碳运营企业的占比,有效推动能源科技的创新发展;二是高质量推进现代服务业建设,将现代服务业建设和碳达峰、碳中和战略目标有效融合,努力发展高质量的生产性服务业,形成覆盖各产业链的、能够有效满足经济内循环需求的生产性服务产业,促进整体第三产业的现代化升级水平;三是在国内逐渐构建以清洁能源为主的可持续能源体系,持续推进与碳达峰和碳中和相关的高新技术企业发展。

四、第四层次:政策支持

最后,政府应该为""双碳""目标的推进提供积极高效的技术创新支持和财政支持,并不断推进绿色金融体系建设,为实现"双碳"目标构建强有力的投融资体系保障和组织保障。一方面,中国政府应该为"双碳"目标提供精准的财政资金支持和专项技术研发支持,可以尝试构建低碳转型基金或者"双碳"基金,专门用于全国的低碳发展进程。另一方面,随着全球碳交易的规范化发展,碳排放权作为一种新型的金融资产纳入中国金融体系中,将为一些行业带来全新的金融服务需求。在此背景下,中国应该进一步发展绿色金融,将其作为中国绿色科技发展的核心融资渠道,通过构建绿色发展基金、绿色投资项目信息平台等为碳达峰和碳中和目标的实现提供投融资体系支持。不仅如此,中国政府还应该进一步健全中国的碳排放交易市场,增强中国碳交易市场和全球碳交易市场的联动性,积极引导相关金融机构的绿色金融总量和结构优化,从而从根本上提升金融市场对"双碳"战略目标的支持力度。

本章习题

(1)解释能源安全在"双碳"战略中的重要性,并描述"四个革命、一个合作"能源安全新战略的主要内容。

(2)为什么能源供给安全被视为国家能源安全的基础?请结合我国《国家安全法》进行说明。

(3)分析"双碳"战略对我国第二产业发展的挑战,并讨论如何平衡碳排放控制与经济增长。

(4)解释碳交易如何显性化"绿色成本",并分析其对企业成本和市场的潜在影响。

(5)讨论"双碳"战略下高碳行业面临的风险,以及这些风险如何传导至金融行业。

(6)阐述"双碳"战略如何为中国经济提供新的增长点,并列举相关产业投资的具体例子。

(7)识别"双碳"战略推动的主要技术革新领域,并讨论这些技术如何助力实现碳中和目标。

(8)描述实现"双碳"战略的4个政治层次,并解释每个层次在实现目标中的作用。

(9)解释新发展理念在"双碳"战略中的引领作用,并讨论其对低碳发展的影响。

(10)分析政府在实现"双碳"目标中应采取的政策支持措施,并说明绿色金融在其中的作用。

本章小结

本章从挑战与机遇的角度分析了"双碳"战略对国家能源安全和经济发展的影响。"双碳"目标的核心在于减少碳排放,这一目标预设了减少化石能源使用的立场。然而,若不考虑实际情况,片面限制化石能源的供给和使用,可能会影响能源供给结构的稳定性,并对能源安全构成威胁。因此,"双碳"目标在很大程度上推动了能源结构的优化升级。

在经济层面,控制和减少碳排放可能会约束第二产业的增长速度,并增加高碳行业的风险。此外,随着碳交易行业的扩大和碳价格的市场化,相关企业的成本可能会上升,这些都对经济发展构成挑战。然而,"双碳"战略也为中国未来的高质量经济发展提供了方向指引,促进了产业结构的优化升级,并推动企业进行低碳技术的研究与创新。

从政治视角来看,实现"双碳"战略,可以通过4个层次的路径实现:首先,以习近平总书记提出的"新发展理念"为引领;其次,将"双碳"战略与供给侧结构性改革进行战略融合;第三,实现能源结构和产业结构的"双核"升级;最后,通过政府的技术支持、财政支持和绿色金融等政策支持,为"双核"升级提供保障。

第十四章　经济与金融视角下的可持续发展

第一节　碳中和与经济发展的关系

碳中和与经济增长的关系并非此消彼长,实现碳中和并不意味着要站在经济增长的对立面上。相反,碳中和不仅能够提升就业数量和质量,带来技术进步促使传统产业提质增效,催生崭新的经济增长点,而且能够优化人类生存环境、减少极端天气损害、确保国家能源安全,推动整个经济社会综合性高质量发展。因此,我们认为碳中和与经济增长完全可以实现协同共赢。

一、碳中和不会拖累经济发展

随着碳达峰碳中和目标的提出,当前部分声音认为碳中和可能影响和阻碍经济发展,但实际上这种碳中和拖累经济增长的说法并不正确,主要原因有以下两点。

首先,碳中和仅对部分低效高耗能的领域与行业加以限制。生态环境部《关于统筹和加强应对气候变化与生态环境保护相关工作的指导意见》提出,鼓励能源、工业、交通、建筑等重点领域制定达峰专项方案,推动钢铁、建材、有色、化工、石化、电力、煤炭等重点行业提出明确的达峰目标并制定达峰行动方案。能源结构调整是"减碳"的重要抓手之一,碳中和背景之下,传统高耗能、高排放行业中的落后产能将面临巨大的成本压力而被迫出清,行业结构优化,市场集中度提高,利好生产过程规范、环保设备齐全的先进产能。而对于现代服务业、高新技术产业和先进制造业等新兴产业而言,碳中和所引导的产业转型无疑将为其带来巨大的发展机遇。

其次,碳中和对经济的负面影响仅限于短期,长期而言,低碳转型有利于经济可持续发展。短期来看,为响应碳中和政策号召,企业需加大环保设施及工艺设备投资,升级产能,这将导致企业利润下滑;此外,考虑到能源与产业结构的调整均不可一蹴而就,减少碳排放势必意味着牺牲短期内的部分经济活动。但长期来看,预计碳中和的提出将推动我国从资源依赖型、投资驱动型的发展模式转向绿色经济。在前一种模式之下,经济发展严重受到人口、资源和环境的制约,存在不可持续的问题。绿色、低碳的能源结构则将避免我国陷入"中等收入陷阱",促进经济高质量、可持续发展。

二、碳中和提升就业数量与质量

碳中和本身就是一个潜力巨大的产业,碳中和产业兴起将极大地提升就业数量与质量,而就业增长与经济增长相辅相成。据国际可再生能源署预测,若以气温上升控制在2℃以内为准,至2030年,碳中和将为中国带来约0.3%的就业率提升。碳中和目标下的低碳发展将提供更多的就业岗位,最直接的就业岗位增长体现在可再生能源领域,相比于传统的煤炭生产领域工作岗位,可再生能源的工作岗位往往更加清洁,对从业人员更加友好。国际劳工组织和国际可再生能源署联合发布的《可再生能源及就业:2023年回顾》报告显示,2022年全球可再生能源领域的就业人数达到1370万人,比2021年增加了100万人,在2012年730万人的基础上几乎翻了一番,并且中国可再生能源领域的就业人数占全球总数的41%,约562万人,并且可再生能源领域的工作人数仍会进一步增长,柴麒敏主任预计到2030年,就业人数可达到6300万人,约5850万人的可再生能源就业缺口将极大提升就业数量和质量。

另一个由碳中和带来的就业增量领域主要是碳排放权交易市场。碳交易市场建设是实现碳中和目标的重要途径。当前,碳交易已在全球范围内得到了广泛的运用。碳交易市场能够将碳排放所带来的社会成本内部化,倒逼企业加大对环保技术的投入,提高能效,降低碳排放。2013年起,我国陆续在深圳、上海、北京等八省市开展碳排放权交易试点,2021年2月1日,生态环境部发布《碳排放权交易管理办法(试行)》,全国碳排放权交易机构负责组织开展全国碳排放权集中统一交易。全国碳排放权交易市场的正式建立将进一步带来与之相关的大量就业岗位和人才需求,例如碳排放权交易员、碳交易数据分析师、碳排放额度评估师、碳资产管理人和碳排放权交易所工作人员等就业岗位将进一步提升我国的就业数量和质量。

三、碳中和催生新的增长点

从分部门角度来看,生产和供应的电力、蒸汽和热水部门碳排放量最多,且显著高于其他部门,这意味着要实现碳中和,就需要加速电力供应的转型升级,而电力供应的转型升级将会带来全新的投资需求。

风力发电、水力发电、光伏发电等将是碳中和目标下电力供应的主要方式,但是这些清洁能源的发电方式往往具有一定的季节性,要想保证电力供应平稳充足,相关的基础设施建设必须得到保证。一方面,由于清洁能源发电具有季节性,因此储能十分重要,储能设备的投资和建设具有较强需求;另一方面,发电和输电的智能化将在未来电力供应中发挥重要作用,由此带来的智能电网、特高压输电技术和设备的投资同样具有广阔前景。根据国家能源局数据,截至2023年12月底,全国可再生能源发电量近3万亿kW·h,接近全社会用电量的1/3,全国可再生能源发电总装机达15.16亿kW,占全国发电总装机的51.9%,在全球可再生能源发电总装机中的占比接近40%;2023年全国可再生能源新增装机3.05亿kW,占全国新增发电装机的82.7%,占全球新增装机的一半,超过世界其他国家的总和。随着清洁能源发电和储能量逐年增加,以及可再生能源电力消纳量和消纳占比不断增长,未来电力供应、储能和传输的转型升级将带来更强劲的经济增长动力。

四、碳中和推动经济社会综合发展

除了增加就业、催生新的经济增长点之外,碳中和还能推动整个经济社会综合性高质量发展。这种高质量发展表现在各个方面,包括碳中和的实现能够优化人类的生存环境,能够降低极端天气与气候灾害出现的风险和带来的损失,能够确保能源安全、提升我国的生产自主性等。

首先,碳中和带来的能源结构转型在实现节能的同时将极大减少温室气体排放和空气污染,从而优化人类生存环境。一方面,现阶段我国的能源结构还是以原煤为主,碳中和目标将在更严格地控制煤炭等化石能源消费的同时大力推动可再生能源如太阳能、风能、生物质能的发展,提高非化石能源在能源消费中的占比。另一方面,国家发改委副主任胡祖才表示,截至2022年,我国节能减排成果显著,我国以年均3%的能源消费增速支撑了年均6.5%的经济增长,能耗强度累计下降26.2%,相当于少用14亿t标准煤,少排放29.4亿t二氧化碳,单位GDP二氧化碳排放强度的下降超额完成了自主贡献目标。

其次,碳中和目标的实现将极大减少极端天气和气候灾害出现的风险及其造成的损失。根据德国观察发布的《全球气候风险指数》报告,2000—2019年,高温、风暴、洪水等全球极端天气和气候事件超过1.1万起,造成超过47.5万人失去生命,同时造成直接经济损失2.56万亿美元。麦肯锡在其《应对气候变化:中国对策》中指出,受全球气候变暖的影响,中国将变得更加炎热和潮湿,如果保持当前的碳排放增速,未来会有1000万~4500万人受到极端炎热的侵袭,到2050年,年均GDP损失1万亿~1.5万亿美元。因此,碳中和目标的实现既能减少受到极端天气影响的人数,又能降低因极端天气造成的潜在GDP损失。

最后,实现碳中和目标,发展清洁能源,还能够降低我国对国外化石能源的依赖,确保我国的能源安全。现阶段我国能源结构仍以化石能源为主体,工业生产需要消耗大量石油,但是我国石油生产量却远远不足以弥补消费,因此我国石油进口量与日俱增,一度成为全球最大石油进口国。大规模的石油进口导致我国经济发展对石油输出国有一定的依赖,这在一定程度上会产生能源安全风险,在实现碳中和目标的过程中发展清洁能源,降低对石油输出国的依赖程度,能够确保我国的能源安全,提升生产自主性。

第二节 绿色金融在推动碳中和中的作用

实现"双碳"目标,核心是减少碳排放,随之也伴随着实现"双碳"目标的两大主要难点。一个难点是逐步降低碳排放的负外部性,其解决的主要做法是为排碳合理定价,比如,排碳需要缴纳碳税或购买排碳指标,逐步实现"谁排碳谁承担成本",使各微观经济主体将排碳的外部成本内部化,有效激励其改变行为方式。另一个难点便是降低绿色溢价。绿色溢价概念最初是由比尔·盖茨(2021)正式提出的,其是一个更具有操作性的分析工具,是指使用零排放的燃料(或技术)的成本会比使用现在的化石能源(或技术)的成本高出多少[①]。绿色溢价的核心是成本有效性,即指根据对不同措施的成本进行比较,分析实现既定目标的有效路径和具体措施。降低绿色溢价有两个途径:一是通过技术创新和宏观支持政策来降低清洁能源的使用成本;二是通过碳价格体系和宏观政策来增加化石能源的成本。绿色金融的发展,能够有效助力解决上述两个难点,为信息披露和绿色能源的发展提供可靠的激励机制。

---

① 比尔·盖茨.2021.气候经济与人类未来——比尔·盖茨给世界的解决方案[M].北京:中信出版集团.

第十四章 经济与金融视角下的可持续发展

一、绿色金融的涵义

绿色金融是指为帮助各企业达成节能减排,实现绿色转型,从而能够应对全球气候变化,加强环境保护而提供的金融服务。与传统金融业务相比,绿色金融更强调以保护人类赖以生存的大气环境为宗旨,以保护环境和高效利用资源为利益目标,通过自身活动协调金融与环境保护、生态平衡之间的关系,最终实现经济社会可持续发展。

绿色金融政策是通过贷款、私募基金、债券、股票、保险等金融服务将社会资金引导到支持环保、节能、清洁能源等绿色产业发展的一系列政策和制度安排。要对低碳经济发展起到推动作用就需要借助于包含多种形式金融产品和服务的绿色金融体系。基于金融产品维度的绿色金融体系主要由贷款型绿色金融、投资型绿色金融、交易型绿色金融、投机性绿色金融和其他绿色金融组成,具体组成部分如图 14-1 所示。

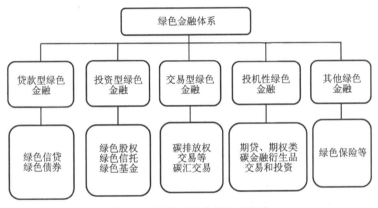

图 14-1 绿色金融体系组成部分

二、绿色金融在推动碳中和中的作用

近年来,我国绿色金融发展迅速,中国人民银行披露的数据显示,截至 2021 年我国绿色信贷余额位居世界第一;绿色债券存量规模约位居世界第二。当前,绿色复苏已成为推动全球经济转型的重要方向,各国相继推出涉及能源、交通等领域绿色转型的支持政策。我国在加快绿色发展、应对气候变化、改善环境质量、提升生态系统质量、提高资源利用效率等方面也不断细化措施,产生了许多绿色发展的场景,为绿色金融的有机融入创造了新的机遇。2021 年 10 月,生态环境部等多部门出台《关于促进应对气候变化投融资的指导意见》,明确提出投入应对气候变化领域的资金规模明显增加的目标,进一步强化绿色金融的作用。

(一)绿色金融有助于明确绿色低碳项目标准

2018 年,中国人民银行牵头成立了全国金融标准化技术委员会,针对绿色金融标准构建了基本框架,形成了绿色金融通用基础标准、产品服务标准、信用评级评估标准、信息披露标准、统计与共享标准、风险管理与保障标准六大内容[1]。2021 年 4 月,中国人民银行、国家发

---

[1] 徐高,曹建海,2021."双碳"背景下我国绿色债券发展研究[J].当代经济管理(11):16.

改委、证监会修订了最新的《绿色债券支持项目目录(2021年版)》,通过对绿色项目的内涵和类型进行清单式管理,帮助金融机构更好地识别、筛选和投资绿色项目,进而确定性地将资金引入新能源、新材料等战略性新兴产业,这些领域同时大多拥有节能低碳的技术[①]。

同时,绿色金融促进了投资项目的信息披露和绿色评级,如我国的"一行两会"明确了金融机构开展绿色信贷和绿色债券时对信息披露的要求,包括披露资金使用情况、绿色项目进展和环境效益等;在绿色认证方面,已有不少评级机构开展绿色债券第三方认证业务,发布了评级方法及认证体系;在环境信用方面,生态环境部会同国家发改委等部门发布了《企业环境信用评价办法》等制度;绿色金融试验区也发布了企业绿色评级体系,对绿色等级高的企业提供相应政策便利。同时,中国人民银行牵头成立了G20绿色金融研究小组,与伦敦金融城共同推出了"一带一路"绿色投资原则(Green Investment Principles,GIP),2020年,又与欧盟共同发起设立了可持续金融国际平台等,进一步使我国标准更加符合国际标准。这些标准的确定和信息的披露,能帮助绿色金融更加明确地引导资金进入绿色发展项目,并更好地做好项目跟踪,及时降低融资风险。

(二)绿色金融有助于创新低碳风险管理模式

国家指导意见在关于"双碳"工作的论述中,专门提及要处理好减污降碳和能源安全、产业链供应链安全、粮食安全与群众正常生活的关系。有效应对绿色低碳转型可能伴随的经济、金融、社会风险,防止过度反应。绿色金融活动自身已探索了很多成熟的风险识别和管理工具,例如绿色信贷已纳入宏观审慎评估框架,银行专门成立事业部进行风险防控。但绿色金融风险有其自身特点,对风险管理的内容进行了拓展,也对风险管理模式提出了创新要求。

第一是"预期收益"双重性。一方面,通常理解的"收益"是买卖金融资产价格的差值,针对的是股票、证券等金融产品,而在绿色金融活动中,基于环境问题的强外部性,对绿色金融风险对应的"收益"而言,不仅限于金融产品本身,还需拓展至社会福利的层面,这意味着绿色金融风险链的延长和风险感知范围的扩大。另一方面,预期收益可能是负收益,也可能是正收益——特别值得注意的是,超出期望的正收益,很可能是资源过度投入造成的,而这种过度投入并非全然对社会有益。例如,大量绿色资金积极投入汽车行业,支持其向电动汽车转型,这一举措有利于减少尾气排放和缓解污染问题,绿色资金本身能够得到客观的投资收益;但带来正收益的同时,又带来了对电力的大量需求——电力行业同样是传统意义上的"高碳"重点行业,现阶段的发电方式以火电为主,故对产业链上游的电力提供者来说,过度的"汽车电动化"很可能也会引致废气排放和资源消耗过多的问题。由此说明,带来预期正收益的绿色投资同样可能间接带来负面效应,这也凸显了绿色金融风险的复杂性。

第二是不确定性。不确定性意味着事前不能确定何种情况会发生,或不清楚具体何种结果会出现。自然灾害、气候变化等极端环境事件何时发生、以何种类型发生无法预测,其对经济金融的冲击程度无法预计、对风险应对措施是否有效更是难以预知;产业链中各个层级绿色转型效果很难充分判断,在低碳转型过程中,政策变动与行为主体偏好改变程度亦难以确

[①] 史英哲,云祉婷,2021."双碳"目标下中国绿色债券市场的机遇与挑战[J].金融市场研究(10):62-67.

定,从而绿色投融资收益难以预测等这种"不确定性"除了包含传统的资产价格、投资收益的不确定,还包含了资源和要素配置的不确定、产业转型的不确定,因而显得更为严重和复杂。

(三)绿色金融有助于对涉碳类资产给出价格信号

碳排放经济活动具有典型的负外部性,即碳排放主体所带来的气候变化等问题由社会整体承担,这种负外部性使得生产主体或消费主体,在使用高碳排放的化石能源时,没有为社会损害这一额外的活动"付费"。而纠正这种外部性的一个重要方法便是为二氧化碳的排放定价。目前,碳定价在执行层面主要有碳税和碳交易两种形式。

碳税形成的碳价稳定,且国外也有成熟的税收征收法律可借鉴,但碳减排的可控性较差,引进新税种还会涉及社会接受度问题;相比之下碳交易市场形成的碳价价格波动较大,且作为新兴市场,交易机制的建立和完善都需要资源投入,成本较高,但减排的主体、交易的规模变化趋势具有确定性。

绿色金融在推动"双碳"目标实现中,能够发挥金融完善市场定价机制的功能,通过合理的碳价格形成机制引导更多社会资源投入减碳行动。通过对涉碳资产的识别和测算,引入碳排放资产定价模型进行模拟定价,一旦价格信号出现,就会有助于交易。但定价的前提便是如何测算涉碳地区、行业、企业、产品、服务的碳排放标准,建立统一规范的碳核算体系。从国际经验看,碳排放权交易是实现碳减排的有效政策手段,设置企业排放限额,使碳排放权具有价值,通过交易形成价格锚,最终形成全国性减碳领域投资与风险管理市场。碳排放市场与碳交易的活跃离不开金融机构的积极参与,特别是在市场运行初期需要借鉴引入"做市商"制度。金融机构还可通过碳现货及衍生品、碳融资、碳资管和碳保险等金融产品创新,通过市场交易给予碳配额合理定价,降低碳排放强度,推动绿色低碳企业获得减排额外收益,促进碳排放市场健康高质量发展。在当前的实践中,已经陆续出现了环境权益、生态保护补偿抵质押融资。在融资活动中,之前很难量化的环境价值正逐渐被量化,常见的能效、节能管理等可以通过市场化交易进行定价。

(四)绿色金融有助于加强区域协同治理

区域作为经济活动和社会活动的集聚地,将逐渐成为碳减排的主体。特别是在能耗方面,区域无疑是消耗主体。在产业方面,目前,我国二氧化碳排放"大户"覆盖八大行业,包括电力、钢铁、建材、交通运输、化工、石化、有色金属、造纸,这些行业的排放量之和占总排放量的80%以上。但在全国范围内实现"双碳"目标并不能仅靠某一行业单独完成,事实上,每个行业都不是孤岛,各个行业通过投入产出关系互为上下游,某一个行业的政策变化或是技术变革会在生产网络中传递、叠加,产生"乘数效应"。

绿色金融在进行资金投入之初,可以通过分析各个行业领域内的社会责任报告、企业公告、绿色金融年度报告等,在行业领域内识别出碳节点关键行业,从而进行投资。具体方法:可以在国民经济核算里构建碳核算体系,通过碳的投入产出表,计算某一行业碳的产生量,以及通过产品输出的碳排放量,从而把碳节点行业找出来。通过支持节能低碳、碳汇等技术,支持传统高碳类行业改造升级,从而为低碳转型的融资、并购等需求提供服务。

而在区域治理方面,绿色金融相关产品和服务中,出现了"生态补偿""排污权交易""生态产品价值转化"等市场化模式,特别是许多生态环境本底较好的地区往往是深度贫困地区,通过绿色金融工具,产生了与绿色农业、绿色工业相融合的金融服务,如浙江丽水开展的绿色农业信贷、浙江衢州开展的农业污染保险等,都形成了很好的金融放大效果。还有贵州引导低成本信贷资金流向绿色扶贫领域,帮助贫困群众种植养殖符合绿色认证标识的产品,形成绿色扶贫新路子[1]。同样地,在未来的"双碳"工作中,为了有效降低碳排放量,东部地区和西部地区可以就新能源开发使用开展共建活动,如西部地区水电条件、光伏发电条件好,可以通过共建共享方式,促进东西部地区协同发展。据报道,有地区通过光伏发电扶贫项目每年人均纯收入增加 2000~3000 元,实现了绿色金融助力脱贫攻坚,有效推动区域实现"双碳"和经济发展双丰收[2]。

第三节 碳交易市场对经济的影响

碳交易市场,是指将碳排放的权利作为一种资产标的,来进行公开交易的市场。也就是说,碳交易的核心是将环境"成本化",借助市场力量将环境转化为一种有偿使用的生产要素,将碳排放权这种有价值的资产作为商品在市场上交易。我国碳交易市场分为现货市场和期货市场,其中现货市场包括强制减排市场(碳排放权市场)和自愿减排市场(CCER 市场)。

碳交易市场的概念作为中国减排政策体系的重要组成部分,全国碳排放权交易市场于 2021 年 7 月全面上线。截至 2022 年底,全国碳交易市场碳排放配额累计成交量高达 2.04 亿t,覆盖逾 2000 家重点排放单位,可见中国碳交易市场业已成为全球覆盖温室气体排放规模最大的碳交易市场之一[3]。

国务院发展研究中心资环所熊小平主任在采访时表示,我国碳排放市场启动后,将带来以下 4 个方面的影响。其一,赋予各类减碳行为直接经济激励。就碳排放市场本质而言,核心是给碳定价,从而对各类排放主体的减碳行为给予直接经济激励,例如提高用能效率,优化用能结构以及个人节约用电等。其二,降低全社会减碳总体成本。在一定的碳排放控制目标下,不同减碳责任主体的边际减排成本之间存在差异,允许开展市场交易将可以降低全社会的总体减碳成本。其三,激励新的减碳技术和商业模式创新。碳排放市场持续稳定运行将形成长期减碳收益预期,从而有利于各类减碳技术和商业模式创新,激励相关投入。其四,推动政府节能减碳管理方式转变。过去主要依赖政府行政手段的节能减碳政策模式将面临调整,更多地发挥市场配置资源的作用。

另外,贺克斌院士表示,我国碳排放市场的形成是发挥市场机制的有效举措,能大幅推动降碳技术的应用。这些技术在不同时间空间范围里,谁先用后用、多用少用在市场上还有一个调节机制功能。因此,用碳排放市场驱动,能最大限度地用好财力资源,用最少的投入资金

---

[1] 韦小平,2021.绿色金融在经济绿色转型升级中的助推作用分析[J].商业观察(26):50-52.
[2] 肖钢,2021.发展绿色金融助力"双碳"目标实现[J].清华金融评论(10):53-55.
[3] 张希良,张达,余润心,2021.中国特色全国碳排放市场设计理论与实践[J].管理世界,37(8):80-95.

获得最好的减排效果。

我国碳排放市场开启后,除了将会产生众多诸如综上所述的积极影响外,对于企业来说,还极有可能产生以下影响:一是对于实际碳排放低于碳配额的企业,可以将差额放在市场中去出售,以获得碳排放权交易的收益,从而降低企业的生产成本;二是对于实际碳排放超过碳配额的企业,可以以市场价格购买碳排放权以抵消差额,从而倒逼企业开展技术创新。最后,对于实际碳排放超过碳配额的企业,若不购买碳排放权,而是接受罚款,将会增加企业的生产成本。

总之,我国碳排放市场是以通过市场机制来达到减少碳排放强度、促进企业技术创新为目的的。因此,我国碳排放市场开启后,将为我国实现"双碳"目标奠定坚实的基础,从而推动我国经济全面快速发展。

本章习题

(1)碳中和与经济发展的关系是此消彼长的观点是否正确?为什么?
(2)碳中和这一巨大产业的就业领域有哪些?
(3)简述碳中和对经济社会发展的意义。
(4)简述绿色金融的含义以及绿色金融体系。
(5)简述绿色金融在推动碳中和中的作用。
(6)什么是碳排放交易市场?
(7)碳排放交易市场的运行机制是什么?
(8)简述碳排放交易市场的发展历程。
(9)简述碳排放交易市场发展中的困境并思考如何解决问题。
(10)碳排放交易市场的建立对经济发展的影响有哪些?

本章小结

本章立足于经济与金融视角下的可持续发展,通过碳中和与经济发展的关系、绿色金融在推动碳中和中的作用和碳交易市场对经济的影响三节来展开分析。

第一节主要讲述了碳中和与经济发展的关系。有一部分人认为碳中和会拖累经济的增长,其实不然,碳中和不仅能够提升就业数量和质量,带来技术进步促使传统产业提质增效,催生崭新的经济增长点,而且能够优化人类生存环境、减少极端天气损害、确保国家的能源安全,推动整个经济社会综合性高质量发展。因此,我们认为碳中和与经济增长完全可以实现协同共赢。

第二节主要阐述了绿色金融在推动碳中和中的作用。首先要理解绿色金融是什么,绿色金融是指为帮助各企业达成节能减排,实现绿色转型,从而能够应对全球气候变化,加强环境保护而提供的金融服务。它对明确绿色低碳项目标准,创新低碳风险管理模式,给出涉碳类资产价格信号,加强区域协同治理等具有重要意义。

第三节是关于碳交易市场对经济的影响的阐述。将碳排放的权利作为一种资产标的来进行公开交易的市场,虽然目前碳交易市场建设取得初步成效,但仍存在碳排放市场结构、碳交易产品类型单一,碳交易市场信息不完全披露,监管机制不健全,以及配额分配方式和配额方法有待完善的发展困境,仍需不断探索找寻解决方法,破除困境。碳排放市场的经济影响主要体现在赋予各类减碳行为直接经济激励,降低全社会减碳总体成本,激励新的减碳技术和商业模式创新,以及推动政府节能减碳管理方式转变等方面,另外,它对不同行业的发展影响也不尽相同。

第十五章 文化视角下的可持续生活

第一节 可持续生活方式的概念

一、可持续生活方式的概念

可持续生活方式是在可持续发展价值观和道德观支配下,以保护环境和资源,维护社会长久发展为原则,人们满足自身生活需要的全部活动形式和行为特征的体系[①]。可持续生活方式是既能满足当代人生活的需求,又不危及后代人满足其需求的各种生活方式的总和。从实质上看,它主要包括两方面的规定性:一是物质生活适度,即既要求物质生活以人的基本需要为出发点,以人的健康生存为目标,又要求把人的物质生活水平严格控制在地球环境的可容纳容量和地球资源的可承载范围之内;二是物质消费公平,即既要求同代人之间在消费权益上的公平性,又要求每一代人尤其是当代人对于资源环境的消费,不应当以损害后代人的消费权益和发展潜力为代价,确保子孙后代的可持续生活。

可持续生活方式是有利于社会、经济、环境和文化可持续发展目标实现的行为方式的总和。可持续生活方式遵循自然规律,是以可持续发展为目标,建立一种既能满足人类良性生活需求,又能维护生态平衡的生活方式。利用个人的选择和行动来降低对自然资源的利用、废物的排放和污染。例如在交通、通信、居住、饮食、能源消耗及文化交流等方面,实际上都可以引导人们实现可持续的生活方式。倡导公民参与社会可持续发展志愿服务,使用绿色产品,保护文化遗产,引导公民树立可持续发展和生态文明理念,使可持续消费、绿色出行、健康饮食、绿色居住、传承和弘扬中华优秀传统文化成为人们的自觉行动,让人们在充分享受社会发展所带来的便利和舒适的同时,履行应尽的可持续发展责任,实现有利于社会、经济、环境和文化可持续发展的生活方式。

二、可持续生活的必要性与重要意义

面对当前不可持续的生活方式造成的自然环境条件严重恶化和生态环境的不堪重负,必须在可持续发展理念的指导下,为我们和子孙后代的利益,建立有利于环境和资源保护,有利于生态系统良性发展的可持续的生活方式。

通过可持续的生活方式增强公众可持续发展意识,推动公众践行节能减排低碳生活,倡

---

① 宣兆凯,2003.可持续发展社会的生活理念与模式建立的探索[J].中国人口·资源与环境(4).

导可持续消费和健康生活习惯,凝聚全民力量,共建生态文明;践行可持续生活方式,对贯彻落实生态文明建设和新环保法相关要求具有深刻的时代意义;推动可持续生活方式,为公众参与生态文明建设提供了最直接、最方便的实践平台。

生活方式对青少年健康成长起着重要作用,青少年时期是良好生活方式、健康行为习惯建立的最佳时期,同时也是危险行为的高发期,青少年时期的生活方式影响以后的健康和生活质量。为适应区域社会、环境与经济可持续发展的需要,学校教育应指向可持续发展的境界,尤其重视将学校发展目标定位于培养可持续发展价值观与生活方式的新型公民,培养青少年建立可持续发展价值观和生活方式是时代的必然要求。

第二节 文化对可持续生活的影响

一、中国文化中的可持续发展

中华文明博大精深、丰富多彩、广蓄兼收,在其厚重的文化库典中,以儒家、道家和佛家为代表的思想体系璀璨夺目,其备受崇尚、传承至今的"天人合一""仁爱万物""万物平等""天地之性和为贵"的思想,以及"中庸""道法自然""兼爱、节俭、义利合一"的理念,无不散发着可持续发展的光辉。远见卓识的中国古代哲人早就敏感地洞察到人类生活与自然环境有着密切的联系。他们提出的"人天皆本于自然""天时地利人和",肯定了人与自然是密不可分、有机统一的整体,倡导人与自然和谐有序。他们反复强调,现实中做人做事要服从自然之道,觉悟的人要经过不懈的修身修炼,努力追求实现"天下为公""天人合一"的大同境界。虽然这些深刻的可持续发展理念产生于农业经济时代的特定条件,但理论包容性和体系开放性的特质,使其随生产力水平的发展而不断地拓展着新的内涵和外延,并深深地融入了中华民族的血脉之中。

由此可见,可持续理念在中国人的思想观念里早已牢牢扎根,并且逐步造就和形成了中华民族尊重自然的品质及崇尚可持续生活的美德,并渗透到现实生活中的方方面面:中国古代崇尚"日出而作,日落而息",把充分利用大自然的馈赠作为最朴素的"节能"手段,体会着最自然、最悠闲的生活方式,环保、健康、其乐融融;朴素节俭作为一种生活态度,是中华民族一直提倡并延续下来的传统美德,"静以修身,俭以养德"影响着中国人的行为。

二、中国传统文化主流体系思想对可持续生活的启示

传统文化当中的儒释道思想虽各有侧重,但它们都蕴含着丰富的可持续生活思想,为当代可持续生活转型提供中国古代智慧。

儒家的可持续生活智慧包括3个方面。首先是"天人合一"的原则观,张载[①]认为人与万物都是天地化生的,人不应凌驾于自然之上,而应与自然融为一体,将自然与人视为一个有机

---

① (宋)张载著.章锡琛点校,1978.张载集[M].北京:中华书局.

整体。其次是"仁民爱物"的价值观①,儒家通过仁爱联结社会属性的"民"和自然属性的"物",扩展到人与天地万物的关系,强调百姓应控制自身行为,尊重生命价值,维系自然秩序。最后是"参赞化育"的生态伦理,儒家认为世间万物皆是自然所生,人应从属于自然,参与自然的演化,通过"参赞化育"促进人与物和谐共存。

道家倡导"天地与我并生,而万物与我为一"②的可持续生活观念,认为人与自然万物是普遍共生的平等主体。庄子强调尊重自然规律,让宇宙万物"自足其性",不横加干涉,才能实现人与自然的共生共存。老子提出"自然无为"的态度,主张人的行为应顺应自然,不乱为,不妄为,这样才能达到真正的"为"③。此外,道家还倡导"慈、俭、不敢为天下先"的可持续生活规范,要求人们破除自私心、功利心,抑制和减少欲望,懂得适可而止,并在遵循自然规律的前提下,该"为"时就积极"作为",不该"为"时就"退守",在自然的和谐中把握自然规律④。

佛教的生态伦理关怀体现在慈悲观念上,提倡"无缘大慈,同体大悲",认为众生都曾是我们的亲属,因此应以慈悲之心对待万物,戒杀、放生、护生和素食,保护珍稀动植物,维护生物多样性,实现生态平衡。佛教还提倡"众生皆有佛性"的生命平等观,认为众生与我们同属一个生命共同体,应尊重其他生命的存在价值,爱护生命,践行可持续生活方式。

儒释道三家的思想虽有不同,但在对待人与自然的关系上趋向一致,均主张人应顺应自然,与自然和谐共处,合理利用自然资源。这些思想为当代可持续生活转型提供了理论基础,提醒人们尊重自然和客观规律,避免破坏自然。

第三节 新兴可持续产业

随着社会可持续生活方式的推进,一些新兴的可持续产业也应运而生,比如第三产业中的可持续旅游和绿色消费等,接下来将针对可持续旅游和绿色消费两种新兴可持续产业展开论述。

一、可持续旅游

可持续旅游早在1993年世界旅游组织出版的《旅游与环境》丛书中便已被提及,其中《旅游业可持续发展——地方旅游指南》一书对旅游可持续发展给出的定义是:在维持文化完整、保持生态环境的同时,满足人们对经济、社会和审美的要求。它能为今天的主人和客人们提供生计,又能保护和增进后代人的利益并为其提供同样的机会。这一定义是对旅游可持续理念的进一步总结,不仅指出了旅游业本身的特质,而且提出了"主人"和"客人"区际公平发展的思想,对旅游可持续发展的国际认定具有重要的指导意义。1995年《可持续旅游发展宪章》中指出,可持续旅游发展的实质,就是要求旅游与自然、文化和人类生存环境成为一个整体,

---

① (春秋)孔丘,2008.论语[M].北京:北京出版社.
② (战国)庄周,(晋)郭象注,1989.庄子[M].上海:上海古籍出版社.
③ (春秋)老子著,熊春锦校注,2006.道德经[M].北京:中央编译出版社.
④ 高秀昌.老子"三宝"之道:"仁慈"、"俭约"、"居后"[N].中国社会科学报,2012-09-19(B04).

以形成一种旅游业与社会经济、资源、环境良性协调的发展模式。

可持续旅游发展的实现,在目前阶段还是一个十分艰巨的任务。从宏观的角度来看,必须根据旅游发展的容量约束来制定全面实施可持续发展的战略框架。同时,可持续旅游发展必然与整个国家的社会、经济发展战略联系在一起。因此,在这个整体当中,加强国际合作、消除贫困、改变消费模式、控制人口增长、保护和促进人类健康、改善居住环境、加强资源的保护和管理等宏观目标和战略的实现状况,就成为制约可持续旅游发展的背景因素。

二、绿色消费

(一)绿色消费的含义

21世纪是绿色世纪,国际上对"绿色"的理解通常包括生命、节能、环保3个方面。绿色消费,包含的内容非常广泛,不仅包括绿色产品,还包括物质的回收利用、能源的有效使用、对生存环境和物种的保护等,可以说涵盖生产行为、消费行为的方方面面。

绿色消费的三层含义:一是倡导消费者在消费时选择未被污染或有助于公众健康的绿色产品;二是在消费过程中注重对垃圾的处置,不造成环境污染;三是引导消费者转变消费观念,崇尚自然,追求健康,在追求生活舒适的同时,注重环保、节约资源和能源,实现可持续消费,尽量选择无污染、无公害、有助于健康的绿色产品,把购买绿色产品视为一种"时尚"。

环保专家把绿色消费概括成"5R",即节约资源,减少污染(reduce);可持续生活,环保选购(reevaluate);重复使用,多次利用(reuse);分类回收,循环再生(recycle);保护自然,万物共存(rescue)等方面。绿色消费就是在社会消费中,不仅要满足我们这一代人的消费需求和安全健康,还要满足子孙后代的消费需求和安全健康。

(二)如何践行绿色消费

1. 消费者"绿"化消费习惯

首先,消费者应树立绿色消费意识,强化生态消费认知,正确理解绿色消费的意义,注重对绿色消费知识的学习和主动选择绿色消费模式,提高绿色消费能力。在消费过程中多关注生产与消费对自然生态环境的破坏之处,认真思考违背自然规律进行消费会引起大自然的何种后果,建立起更为科学、理性、生态化的消费理念,更要自觉积极抵制奢靡浪费型消费和过度污染型消费。同时也要加强对绿色产品的辨别能力,在享受绿色产品的同时也要保护好自己的权益。作为新时代青年和新兴消费群体,必须学会用马克思主义思想来武装自己的精神头脑,在科学的生态化消费理念的指引下,为中国式现代化建设添砖加瓦。

另外,消费者应该正确认识绿色消费和绿色产品,在消费行为中自觉遵守绿色、环保的要求。在物质消费上,摒弃方便快捷且消耗不可逆转的产品,使用低消耗、可重复利用且对环境伤害小的符合"5R"原则的绿色生态产品。一次性产品因其方便、快捷性在现代人的消费中占据重要地位,但是一次性产品在生产和消费后所产生的废弃物和污染物对自然生态环境都有着不可逆转的消耗和破坏,这无疑是不符合绿色消费要求的;在精神消费上,应该彻底抛弃消费主义带给消费者的非理性消费理念,理性提升精神文化层次的消费。因此,消费理念和消费行为的进步对社会消费大环境的绿色生态化具有重要意义。消费者应端正消费心态,全力营造一个节约资源、减少污染的绿色消费环境,促进人类社会的全面进步与发展。

2. 政府"绿"化自身职能

首先,完善绿色消费环保法规,制定实施细则。对滥杀滥捕野生动物、毁坏林木等破坏大自然制作奢侈消费品的行为予以严厉处罚。培养消费者的绿色消费习惯,摒弃追求奢靡浪费的不良消费行为。其次,建立绿色消费义务性法规,让绿色消费不再只停留于精神层面,向法律制度领域转变,将绿色消费、节约资源变成消费者的义务。消费者在消费过程中有保护自然环境、节约自然资源的义务,应做到适度消费和节约消费。最后,积极开展绿色生态消费教育。消费者是消费行为过程中的基础力量和主导群体,其行为直接影响绿色消费,因此政府对消费者开展教育活动,从思想精神上影响消费者的消费观是很有必要的。这有利于提高消费者的绿色消费意识,推动绿色低碳的生活方式的形成。

3. 企业"绿"化生销过程

首先,企业应当精准把控生产环节,承担保护环境重任。企业在生产绿色产品时,从原料选择到产品产出都要尽可能做到资源低消耗和环境低污染,以可持续发展为生产理念,达到产品与环境和谐的状态,积极建立完整的绿色产品生产体系。企业还应不断开发利用生产绿色产品的技术,合理使用自然资源,提高自然资源的利用率,消耗最少的自然资源得到最大的利益回报。降低成本,改善性能,提升绿色产品的性价比。企业应当对绿色产品的生产环节过程进行严格把控,完善相关监督与管理体系,积极承担起保护生态环境的重大责任。

其次,企业应当加快调整营销手段,积极培育绿色市场。企业在营销过程中应该转变传统销售模式,考虑消费者的实际需要,进行绿色产品推广,保证经济收益与环境保护二者兼得。企业在售卖绿色产品时应把握以人为本的原则,从消费者的实际需求出发。坚持诚信原则,生产真正的绿色产品,客观宣传绿色产品,提高消费者的绿色消费满意度。紧跟时代步伐,摒弃高耗源、高污染的生产方式和营销方式,积极维护消费市场的绿色环保可持续性。

第四节 可持续文化在全球范围内的传播与发展

一、可持续文化的基本理论

可持续发展可以追溯至联合国环境与发展委员会1987年发表的《我们共同的未来》研究报告,其要义是如何通过发展观念与发展模式的革新从根本上解决人类正面临的日趋严重的生态环境与资源困境,进而实现一种可持续发展。可持续发展最初关注的主要是经济增长的资源与生态可持续性,换而言之,经济不可能一直以伤害自然为代价增长下去,这承认了自然或生态的是有极限的。但随后逐渐扩展到如何创建一种可持续的经济、社会、生态系统乃至生活,让可持续性遍布于社会的各个领域,形成一种可持续文化,让社会"绿化"。

因而,可持续文化在相当程度上可以理解为国际社会自1972年斯德哥尔摩人类环境会议以来逐步形成的一种"可持续发展共识":一是发达国家和发展中国家共同努力(来抑制并最终逆转全球气候变暖趋势和其他全球性环境问题,维持人类社会赖以生存的唯一家园的生态稳定性和可持续性;二是世界各国通过产品更新换代、工艺技术革新和产业结构调整,构建一种低能耗、低物耗、较少生态环境损害的可持续绿色经济。所谓"稳态经济""循环经济""低碳经济"等就是对这种可持续绿色经济的主要表征;三是人类社会共同探寻一种超越现代物质主义价值观与大众主义消费模式的适度消费、社会公平、生态正义的生存方式与生活风格,形成一种可持续的生活。

但是,这只是问题的一个侧面,因为世界不同的国家和地区处在差异悬殊的起点之上与环境之下,所以,不同国家和地区的人们在理解与界定可持续发展时会有诸多的理论视角与立场差异,在制定与落实可持续发展战略与政策时也存在重大的实践性差别。

具体而言,从理论上说,可持续发展至少可以从以下3个层级来理解与界定:一是生态可持续的绿色发展,它首要关注的是人类经济与社会发展活动及其后果的生态可持续性。依据这一界定,衡量人类有关活动及其后果的生态可持续性标准不仅关系到活动本身的低物耗、低排放(比如碳)和可循环,还包括活动的长远影响和间接影响,尤其是在代与代之间和全球范围内的影响——环境污染的代际转移和区域转嫁;二是环境友好型的可持续发展,它首要关注的是实现经济社会发展与环境保护目标的并重和共赢。依据这一界定,除了对特殊生态环境对象的强有力的法律行政保护,还必须致力于生产经济技术方式与生活消费风格的重大变革,才能最终实现人类社会的可持续性目标;三是环境/资源可维持的绿色增长,它首要关注的是使依赖或可掌控的自然生态能够支撑高速发展的经济特别是GDP增长。依据这一界定,真正重要的不是自然生态系统如何使本地居民享受更舒适和高质量的生活,而是自然生态系统及其构成要素的经济商品化及其工业化开发利用,比如,对工业生产十分关键的贵重金属和稀土资源的开发与保护,也就是着力于经济体总规模的扩张。而真正能够称之为"可持续文化"并且将其变成一种明确的实践战略的主要是第二个层级上的理解与界定,它将可持续定义于社会的各个方面,而且基本上局限于欧美工业发达国家或已进入后工业化的国家,尤其是欧盟核心国家和日本。对于广大发展中国家而言,可持续发展大致是在第三个层级上被政治议题化和政策化的,尽管绿色意识形态话语也许时常处在第二个甚至第一个层级。

二、可持续发展的国际模式

依据上述对可持续发展的概念性解析,我们可以把当今世界各国的可持续发展理论与实践大致概括为如下3种模式或类型:欧日的生态现代化模式、美澳加的生态行(法)政主义模式和"金砖国家"的可持续增长模式。

(一)欧日的生态现代化模式

生态现代化模式的核心理念是环境保护与经济增长目标的并重和共赢,而且主要依靠一个具有法政能力和生态自觉的国家(准国家)促动与掌控的绿色经济或市场来实现。作为一种完整的绿色发展理念与战略,以欧盟及其核心国家最为典型。

不仅如此,由德国和荷兰等国家引领的"生态现代化"已经在欧盟层面上产生了"溢出"或"扩散"效应。一方面,作为一个超国家政体的欧盟正在大量制定与推行"生态现代化"思路下的欧盟环境与经济政策。欧盟(欧共体)理事会1990年通过的《环境与发展》决定明确要求其各种发展合作项目必须将环境因素考虑进去,而它自1973年以来连续制订实施了6个环境行动计划。令人惊奇的是,那些新入盟和经济发展落后的同伴并没有成为欧盟制定与落实相关法令的"拖后腿者"。再比如,由欧洲议会委托著名的德国环境智库乌珀塔尔气候、环境与能源研究所撰写的《欧洲绿色新政:危机背景下的绿色现代化之路》研究报告明确宣称,生态现代化是欧洲摆脱经济与金融危机和维持长期繁荣的政策首选。另一方面,近年来欧盟竭力试图把自己的绿色经济与技术优势转化为全球气候变化谈判中的政治实力。至少从20世纪90年代中期起,欧盟及其核心国家已经成为全球气候变化应对中的绿色领袖。而无论从政治理念、预期收益还是既有成效来说,生态现代化都是阐释欧盟目前的国际气候谈判立场的恰当理论。可以说,生态现代化至少在一定程度上已经成为一种超国家层面上的欧盟现象。日本虽然没有广泛使用"生态现代化"这一术语,而是更多使用"公害处置""循环经济""可持续发展"等提法,但鉴于其先进的绿色经济技术研发与推广和卓有成效的环境法律政策管理,我们可以将其划归以欧盟为主的"生态现代化"的可持续发展模式。

(二)美澳加的生态行(法)政主义模式

以美国、澳大利亚和加拿大等国为代表的"新大陆"工业化国家属于另外一种类型,可以大致将其概括为生态行(法)政主义的可持续发展模式。一方面,由于自然地理的原因,这些国家拥有比欧洲大陆更为优越的自然生态条件或相对较小的工业发展的环境压力。概言之,无论是在人类社群内部还是人与自然界之间,都存在着相对较为温和的资源竞争。另一方面,由于这些国家的历史文化传统与政治制度特点,由国家或其他层面上的政治实体来组织推动经济产业结构的可持续转型、新型绿色技术的研发与产业化、个人消费与生活方式的可持续转变,很难获得充分的民意理解与政治支持。相应地,着力于少量强制性但确属必要的环境法律与行政管理就成为一种自然的选择。

这方面的典型实例是美国。比如,奥巴马在2009年上台后宣称要大力推行所谓的"绿色新政",其核心是,以大力发展绿色经济为抓手,重新铸造美国经济的全球竞争优势。具体来说,它可以概括为节能增效、开发新能源和尽力积极应对全球气候变化等。但是,无论是联邦政府可以安排财政投入,还是其拥有的行政调控工具,都难以支持大刀阔斧的绿色重建。

但必须看到,这些国家的环境保护水准并不低,生态环境立法也非常严厉,而且的确也颇有成功之处。此外,在大城市的绿色规划与管理方面,它们也有许多值得借鉴的经验。对于这些国家而言,除了得天独厚的自然环境优势,建立在成熟的法治文化与良好的地方自治传统基础上的"生态行(法)政主义"在实现生态环境的高质量保护、经济可持续发展和生活的可持续转型中扮演着一种不可替代的角色。

(三)"金砖国家"的可持续增长模式

尽管"金砖国家"在内部情况上存在差异,如中国与印度经济高速增长、人口众多、历史文化多样性大,而巴西、俄罗斯和南非则在自然资源和人口分布上更为相似,但在可持续发展理念上,这些国家都认识到了经济增长与资源可持续性的重要性。与欧美国家相比,金砖国家更侧重于经济发展,而欧美则更关注社会可持续发展的程度。

"金砖国家"的经济崛起有其合理背景,但西方国家的工业化与城市化模式已被证明存在不可持续性问题,这一模式在发展中国家也未有根本改变,导致生态和社会问题难以解决。因此,也就是说,"金砖国家"要想真正走向绿色发展,需要的是理论范式和实践模式的同时转换。

但"金砖国家"绿色发展升级存在着日益强大的内外政治压力,需承担全球生态领导责任。同时,中、印两国丰富的历史文化与生态智慧为消解资本主义现代化的缺陷提供了巨大潜力。为实现绿色发展,"金砖国家"需在理论上强调经济、社会、生态与文化的共赢,并在实践中借鉴如欧日等国的生态现代化模式,追求环境友好型的可持续发展。

具体地说,我们必须尽快在理论话语与范式上明确提升到经济、社会、生态与文化目标的并重和共赢,并切实追求一种环境友好型的可持续发展,而在实践模式上,尽管欧日的生态现代化模式和美澳加的生态行(法)政主义模式各有所长,但前者对于包括中国在内的"金砖国家"来说似乎更具有可借鉴性,因而更值得我们关注。

本章习题

(1)什么是可持续的生活方式?
(2)可持续生活方式具体包含哪些方面?
(3)如何培养人们的可持续生活方式?
(4)简述中国传统主流体系思想对可持续生活的启示。
(5)什么是可持续旅游?有何重要意义?
(6)如何才能实现可持续旅游?
(7)什么是绿色消费?
(8)各社会主体如何践行绿色消费?
(9)简述可持续文化的涵义。
(10)如何理解可持续发展的国际模式?

本章小结

本章阐述了文化视角下的可持续生活,主要从可持续生活方式的概念、文化对可持续生活的影响、新兴可持续产业和可持续文化在全球范围内的传播与发展四节展开。

第一节是可持续生活方式的概念,其是在可持续发展理念下,以维护社会长远发展为原

第十五章 文化视角下的可持续生活

则的生活方式。主要包括节能减排、保护文化遗产和健康生活等几种方式，应积极推进公益环保事业等督促全社会进行可持续生活。

第二节主要讲述了中国传统文化对现代可持续生活的影响和启示作用。可持续发展的思想早在我国古代便有所体现，中国古代思想如"天人合一""仁爱万物"等，早已蕴含可持续发展理念。儒释道三大思想体系均体现了人与自然和谐相处的生态观。儒家强调"天人合一"的生活原则与"仁民爱物"的价值观；道家倡导"自然无为"的生活态度与"慈、俭"的规范；佛教则关注慈悲的生态伦理关怀与众生平等的精神。虽然三者各有不同，但都体现了人与自然和谐相处的可持续生态观。

第三节以可持续旅游与绿色消费为代表阐述了新兴可持续产业。可持续旅游指在维持文化完整、保持生态环境的同时的一种绿色旅游方式，它对改变人们长期以来对旅游资源可再生性的片面理解，发展中国家加强旅游开发的宏观管理，促进经济与社会、环境协调发展有重要意义。而绿色消费是一种基于可持续发展理念的消费观，不仅包括绿色产品，还包括物质的回收利用、能源的有效使用、对生存环境和物种的保护等，涵盖生产行为、消费行为的方方面面。可以通过消费者"绿"化消费习惯，政府"绿"化自身职能，企业"绿"化生销过程等路径来实现。

第四节是可持续文化在全球范围内的传播与发展。可持续发展的关注点由经济增长的资源与生态可持续性扩展到可持续的经济、社会、生态系统乃至生活，遍布于社会的各个领域，形成一种可持续文化。通过对可持续发展的概念性解析，又把当今世界各国的可持续发展理论与实践大致概括为3种模式或类型：欧日的生态现代化模式、美澳加的生态行（法）政主义模式和"金砖国家"的可持续增长模式。

附　录　重点词汇中英文解释

1. 场外期权交易（Over-the-Counter Option Trading）：买卖双方自行签订期权合同，买方向卖方支付一定期权费后，拥有在未来某特定日期以事先定好的价格向卖方购买或者出售一定数量的配额的权利。

Over-the-Counter Option Trading：The trading of options contracts directly between two parties，without the supervision of a formal exchange.

2. 低碳经济（Low-carbon Economy）：通过减少能源消耗和减少碳排放来实现可持续发展的经济模式。

Low-carbon Economy：An economy based on low carbon power sources that has a minimal output of greenhouse gas emissions into the environment biosphere.

3. 低碳消费（Low-carbon Consumption）：以低碳为导向的一种共生型消费方式。它是指消费者在购买商品或服务时，关注其碳排放量和对环境的影响，选择碳排放量较低的商品或服务，从而在满足自身需求的同时，减少对环境的影响，促进资源节约和环境保护。

Low-carbon Consumption：Consumption patterns that result in reduced greenhouse gas emissions compared to traditional consumption habits.

4. 二级市场（Secondary Market）：控排企业、减排企业、其他参与者开展碳配额、碳减排量现货交易的市场体系，控排企业在一级市场获得碳配额后获得对碳配额的支配权，减排企业通过减排量申请获得政府核证的减排量后获得对减排量的支配权。

Secondary Market：A market where investors purchase securities or assets from other investors，rather than from issuing companies themselves.

5. 国家核证自愿减排量（China Certified Emission Reduction，CCER）：经国家自愿减排管理机构（国家发改委）签发的减排量。

China Certified Emission Reduction，CCER：A type of carbon offset credit specific to China，representing voluntary emission reductions that have been verified by the Chinese government.

6. 个人碳足迹（Personal Carbon Footprint）：一个人在日常生活中直接或间接产生的温室气体排放总量，通常以二氧化碳当量（CO_2e）为单位，是全球气候变化的主要驱动因素。

Personal Carbon Footprint：The total amount of greenhouse gases produced to directly and indirectly support human activities，usually expressed in equivalent tons of carbon dioxide（CO_2）.

7. 绿色建筑(Green Building)：在建筑生命周期内，最大限度地节约资源、保护环境，提高空间使用质量，促进人与自然和谐共生。

Green Building：A building that, in its design, construction or operation, reduces or eliminates negative impacts, and can create positive impacts, on our climate and natural environment.

8. 绿色电力(Green Electricity)：由可再生能源产生的电力，企业可以通过购买绿色电力证书或直接与绿色电力供应商签订购电协议，来确保其用电来源于可再生能源。

Green Electricity：Electricity produced by methods that do not use fossil fuels or nuclear energy, instead using renewable energy sources such as solar, wind, or hydroelectric power.

9. 绿色金融(Green Finance)：支持环境改善、提高能效、促进可持续发展的金融服务和产品，如绿色债券、绿色基金等。

Green Finance：Financial activities that prioritize environmentally sustainable development and direct investment towards sustainable projects and initiatives.

10. 绿色溢价(Green Premium)：在经济活动过程中，零碳排放的能源成本与化石能源成本之差，也是基于当前行业有排技术和零排技术之间的成本差异，在本质上是一种平价碳成本——需要为碳排放付出的额外成本。

Green Premium：The additional cost of choosing a clean technology over one that emits more greenhouse gases.

11. 能源间接排放(Energy Indirect Emissions)：企业购买并消耗的电力、热能或蒸汽在其生产过程中所产生的温室气体排放。

Energy Indirect Emissions：Emissions that are a consequence of the activities of the reporting entity, but occur at sources owned or controlled by another entity.

12. 强制性碳市场(Mandatory Carbon Market)：基于总量控制与交易原则(Cap & Trade)下的碳排放权交易市场，具有强制属性，起源于《京都议定书》，参与主体主要为控排企业，交易产品主要指普通的碳配额(用于最后履约)，该类型碳市场最为普遍。

Mandatory Carbon Market：A market created through regulatory requirements where emitters must purchase allowances for their greenhouse gas emissions.

13. 全球碳市场链接(Global Carbon Market Linkage)：不同国家和地区的碳排放权交易市场之间建立的合作机制，允许各市场之间进行碳配额的交易，即在不同交易市场间通过各自独立的碳交易系统交易相互认可的碳资产。

Global Carbon Market Linkage：The process of connecting different carbon markets to create a larger, more liquid market for carbon credits.

14. 碳抵消(Carbon Offset)：通过特定的减排项目或活动，减少或吸收等量的温室气体排放，以抵消其他活动产生的碳排放。

Carbon Offset：A reduction in emissions of carbon dioxide or other greenhouse gases made in order to compensate for emissions made elsewhere.

15. 碳抵消机制(Carbon Offset Mechanism)：指正在执行或者已经批准的减排活动项目，

经过核查后产生的减排量在碳交易市场进行交易,从而用作排放量的抵消。

Carbon Offset Mechanism: A system that allows individuals or companies to invest in environmental projects around the world to balance out their own carbon footprints.

16. 碳保理(Carbon Factoring):金融机构向技术出让方发放贷款以保证其保质保量完成任务,待项目完成后,由技术购买方利用其节能减排所获得的收益来偿还贷款。

Carbon Factoring: A financial transaction where a business sells its carbon credit receivables to a third party at a discount for immediate cash.

17. 碳捕集与封存技术(Carbon Capture, Utilization & Storage, CCUS):一种通过技术手段捕集工业活动中产生的二氧化碳并进行利用或长期安全存储的方法。

Carbon Capture, Utilization & Storage, CCUS: A process that captures carbon dioxide emissions from sources like power plants and either reuses or stores it so it will not enter the atmosphere.

18. 碳金融(Carbon Finance):从广义上来讲,碳金融泛指一切与限制温室气体排放量有关的金融活动,以及包括碳排放权及其衍生品的买卖交易、投资或投机等活动,也包括为限制温室气体排放而新建项目的投资、融资,以及为其提供的担保、咨询等服务;从狭义上说,碳金融可以称为碳融资,就是与环境保护有关的融资,其目的是保护当地的生态环境,为环保项目提供资金支持。

Carbon Finance: A branch of environmental finance that deals with financial instruments and investments in projects that reduce carbon emissions.

19. 碳金融市场(Carbon Financial Market):以碳排放配额交易,以及碳减排信用额交易为基础的金融市场。

Carbon Financial Market: A market where carbon credits and other carbon-related financial instruments are traded.

20. 碳达峰(Carbon Peak):一个经济体(地区)二氧化碳的最大年排放量在某个时间带(点)达到峰值,然后进入持续下降的过程,核心是碳排放增速持续降低直至负增长。

Carbon Peak: The point in time when a country, sector, or company's emissions reach their maximum level before beginning to decline.

21. 碳定价机制(Carbon Pricing Mechanism):一种通过为温室气体排放设定成本,以激励减少碳排放的政策工具。

Carbon Pricing Mechanism: A policy tool that puts a price on carbon emissions to encourage emitters to reduce the amount of greenhouse gases they emit into the atmosphere.

22. 碳回购(Carbon Repurchase):重点排放单位或者其他配额持有者向碳排放权交易市场其他机构交易参与人出售配额,并约定一定期限后按照约定价格回购所出售配额,从而获得短期资金融通。

Carbon Repurchase: A transaction where an entity buys back previously sold carbon credits or allowances.

23. 碳排放配额(Carbon Emission Allowance):政府或组织向企业发放的、允许在一定期间内排放一定数量二氧化碳等温室气体的证书,每个证书代表一定数量的碳排放权。

Carbon Emission Allowance: A permit that allows the holder to emit a specified amount of carbon dioxide or other greenhouse gases.

24. 碳排放强度(Carbon Emission Intensity):一个衡量单位经济产出中碳排放量的指标。它通常用来表示每产生一定数量的国内生产总值(GDP)或能源消耗量时,所产生的二氧化碳排放量。

Carbon Emission Intensity: The amount of carbon emissions per unit of economic output or per unit of energy produced.

25. 碳排放权(Carbon Emission Rights):大气或大气容量的使用权,即向大气中排放CO_2等温室气体的权利。

Carbon Emission Rights: Legal entitlements to emit a specified amount of greenhouse gases, which can be traded in carbon markets.

26. 碳排放期权(Carbon Emission Option):指在将来某个时期或者确定的某个时间,能够以某一确定的价格出售或者购买温室气体排放权指标的权利,碳期权主要有看涨期权和看跌期权。

Carbon Emission Option: A financial contract giving the buyer the right, but not the obligation, to buy or sell a specified amount of carbon credits at a predetermined price within a set time period.

27. 碳排放权场外掉期交易(Over-the-Counter Carbon Emission Rights Swap):交易双方以碳排放权为标的物,以现金结算标的物固定价交易和浮动价交易差价的场外合约交易,交易双方在签署合约时以固定价格确定交易,并在合同中约定在未来某个时间以当时的市场价格完成与固定价交易相对应的反向交易。

Over-the-Counter Carbon Emission Rights Swap: A customized, privately negotiated agreement to exchange carbon emission rights or related cash flows between two parties.

28. 碳普惠(Carbon Inclusive):一种创新性的自愿减排机制,旨在鼓励全社会广泛参与碳减排行动,通过量化与记录个人、小微企业、社区和家庭的减排行为,并利用商业激励、政策鼓励和核证减排量交易等方式实现其价值。

Carbon Inclusive: A concept that aims to involve and benefit a wide range of stakeholders in carbon reduction efforts and carbon market mechanisms.

29. 碳期货(Carbon Futures):以碳排放权现货合约为标的资产的期货合约。

Carbon Futures: Standardized contracts for the future delivery of carbon credits or allowances at an agreed price.

30. 碳市场(Carbon Market):是一个允许买卖碳排放权(或碳信用)的交易平台,旨在通过市场机制来减少温室气体排放,促进低碳经济发展。在这个市场中,碳排放权被视为一种可交易的商品,参与者可以买卖这些权利以满足监管要求或自愿减排目标。

Carbon Market: A market created from the trading of carbon emission allowances to encourage or help countries and companies to limit their carbon dioxide (CO_2) emissions.

31. 碳信托(Carbon Trust)：通过信托运作的一种集合资金信托计划，是指发起人通过发行收益权凭证，从投资者手里获得资金，再将这些集合起来的资金按照信托协议的约定投资于温室气体减排项目。

Carbon Trust：An organization that provides specialist support to help businesses and the public sector cut carbon emissions, save energy, and commercialize low carbon technologies.

32. 碳信用(Carbon Credit)：企业或项目通过实施特定的减排或碳汇项目，超出其基本减排义务而获得的一种可交易的权利证书。每一个碳信用通常代表 1t 二氧化碳当量的减排或吸收量，可用于抵消排放或在碳市场上交易。

Carbon Credit：A tradable permit or certificate representing the right to emit one ton of carbon dioxide or the equivalent amount of a different greenhouse gas.

33. 碳循环(Carbon Cycle)：地球生物圈、岩石圈、水圈和大气圈之间发生碳元素交换以及随着地球运动而发生的不止循环。

Carbon Cycle：The biogeochemical cycle by which carbon is exchanged among the biosphere, pedosphere, geosphere, hydrosphere, and atmosphere of the Earth.

34. 碳债券(Carbon Bond)：政府、企业为筹集低碳经济项目资金而向投资者发行的、承诺在一定时期支付利息和到期还本的债务凭证，它的核心特点就是将低碳项目的减排收入与债券利率水平挂钩。

Carbon Bond：A fixed-income financial instrument used to fund projects that have positive environmental and/or climate benefits.

35. 碳质押、碳抵押(Carbon Pledge, Carbon Mortgage)：碳资产也可以成为质押贷款的标的物，当债务人无法偿还债权人贷款时，债权人对被质押的碳配额或者减排信用额拥有自主处置的权利。

Carbon Pledge, Carbon Mortgage：The use of carbon credits or allowances as collateral for loans or other financial transactions.

36. 碳中和(Carbon Neutrality)：对温室气体正负抵消从而达到相对"零排放"（即碳排放＝碳吸收量）。

Carbon Neutrality：The state of having net zero carbon dioxide emissions, typically achieved by balancing emissions with carbon removal or simply eliminating carbon emissions altogether.

37. 碳托管(Carbon Custody)：又称借碳，是指将控排企业持有的碳排放配额委托给专业碳资产管理公司，以碳资产管理公司名义对托管的配额进行集中管理和交易，从而达到控排企业碳资产增值的目的。

Carbon Custody：The safekeeping and management of carbon credits or allowances on behalf of clients.

38. 碳补偿(Carbon Compensation)：个体或组织通过投资节能减排项目、购买碳排放权等方式，以减少或抵消自身产生的碳排放，从而实现碳平衡的过程。

Carbon Compensation: Actions taken to make amends for carbon emissions, typically through investing in or supporting projects that reduce or absorb carbon dioxide.

39. 碳基金(Carbon Fund):一种由政府、金融机构、企业或者个人投资设立的,通过在全球范围内购买碳减排信用额、投资于温室气体减排项目,从而获得回报的投资工具。

Carbon Fund: An investment vehicle that focuses on companies or projects involved in reducing carbon emissions or promoting low-carbon technologies.

40. 温室效应(Greenhouse Effect):太阳辐射到达地球表面后,地表(包括陆地和海洋)向外进行长波辐射,这部分热辐射中有很多被大气中的温室气体吸收后又被辐射回地球,造成了地表的升温。

Greenhouse Effect: The process by which certain gases (greenhouse gases) in Earth's atmosphere trap heat, preventing it from escaping into space, thus warming the planet.

41. 现货远期交易(Spot Forward Trading):市场参与人按照交易中心规定的交易流程,在交易中心平台买卖标的物,并在交易中心指定的履约期内进行相应的交割的交易方式。

Spot Forward Trading: A financial transaction involving the immediate purchase or sale of a commodity or financial instrument (spot) with an agreement to buy or sell it at a future date (forward).

42. 一级市场(Primary Market):主要针对强制性碳市场,对碳配额进行初始分配的市场体系,参与主体主要为控排企业、政府机构,交易产品主要为普通碳配额。

Primary Market: The financial market where new securities are issued and sold for the first time, allowing issuers to raise capital directly from investors.

43. 终端电气化(End-use Electrification):在能源消费的终端环节,如工业、建筑、交通等领域,通过使用电力替代传统的化石燃料,以提高能源效率和减少碳排放。

End-use Electrification: The process of replacing direct fossil fuel use (such as gasoline or natural gas) with electricity in end-use applications, often to reduce emissions and increase efficiency.

44. 直接排放(Direct Emissions):源于企业自身的运营活动,通常包括但不限于燃烧化石燃料(如天然气、煤炭、石油)的过程,这些过程直接产生二氧化碳、甲烷等温室气体。

Direct Emissions: Greenhouse gas emissions from sources that are owned or controlled by the reporting entity, such as emissions from company-owned vehicles or facilities.

45. 自愿性碳市场(Voluntary Carbon Market):基于项目的碳信用市场,部分碳信用市场按一定规则与强制性碳市场链接,参与主体主要为减排企业(主要作为卖方)、控排企业(主要作为买方),交易产品主要为碳减排量或碳信用。

Voluntary Carbon Market: A market where individuals, companies, or governments can buy carbon offsets on a voluntary basis to compensate for their greenhouse gas emissions, separate from regulatory requirements.

附 表

英文缩写	英文全称	中文
IPCC	Intergovernmental Panel on Climate Change	联合国政府间气候变化专门委员会
CCUS	Carbon Capture, Utilization and Storage	碳捕获、利用与封存技术
UNEP	United Nations Environment Programme	联合国环境规划署
WMO	World Meteorological Organization	世界气象组织
WRI	World Resources Institute	世界资源研究所
EIA	Energy Information Administration	美国能源信息署
EU-ETS	European Union Emissions Trading System	欧盟碳交易体系
ECIU	Energy & Climate Intelligence Unit	能源和气候情报组
IEA	International Energy Agency	国际能源署
PPCA	The Powering Past Coal Alliance	弃用煤炭发电联盟
OECD	Organization for Economic Co-operation and Development	经济合作与发展组织
BECCS	Bio-Energy with Carbon Capture and Storage	生物能源与碳捕获和储存技术
CEI	Carbon Emission Intensity,	碳排放强度
GDP	Gross Domestic Product	国内生产总值
CCER	Chinese Certified Emission Reduction	中国核证自愿减排量
UNFCCC	United Nations Framework Convention on Climate Change	联合国气候变化框架公约
COP	Conference of Parties	缔约方大会
INC	Intergovernmental Negotiating Committee	政府间谈判委员会
CDM	Clean Development Mechanism	清洁发展机制
VCS	Verifed Carbon Standard	核证减排标准
ICAP	International Carbon Action Partnership	国际碳行动伙伴组织
CCX	Chicago Climate Exchange	芝加哥气候交易所
JVETS	Japan Voluntary Emission Trading Scheme	日本自愿排放交易体系
MRV	Monitoring, Reporting and Verification	监测、报告、核查

续表

英文缩写	英文全称	中文
CEA	Carbon Emission Allowances	碳排放配额
GHG	Greenhouse Gas	全球温室气体
ISO	International Organization for Standardization	国际标准化组织
LCA	Life Cycle Assessment	生命周期评估
IoT	Internet of Things	物联网
WWF	WORLD WIDE FUND FOR NATURE	世界自然基金会
VPP	Virtual Power Plant	虚拟电厂
HJT	Heterojunction Technology	异质结技术
EPR	European Pressurised Reactor	欧洲压水反应堆
SMR	Small Modular Reactor	小型模块化反应堆
CREA	Center for Research on Energy and Clean Air	能源与清洁空气研究中心
DACCS	Direct Air Capture Carbon Capture and Storage	直接空气碳捕集与封存